青少年心理自助文库
完美丛书

舍 得

名利虚怀知舍得

蒿泽阳/著

舍得小利，才有朋友；舍得计较，
才有幸福；舍得微笑，才有和谐；
舍得世俗，才有洒脱；

中国出版集团　现代出版社

图书在版编目（CIP）数据

舍得：名利虚怀知舍得／蒿泽阳著. —北京：现代出版社，2013.11
（2021.3 重印）
（青少年心理自助文库）
ISBN 978-7-5143-1629-2

Ⅰ.①舍…　Ⅱ.①蒿…　Ⅲ.①人生哲学 - 青年读物
②人生哲学 - 少年读物　Ⅳ.①B821 - 49

中国版本图书馆 CIP 数据核字（2013）第 273485 号

作　　者	蒿泽阳
责任编辑	肖云峰
出版发行	现代出版社
通讯地址	北京市安定门外安华里 504 号
邮政编码	100011
电　　话	010 - 64267325 64245264（传真）
网　　址	www.1980xd.com
电子邮箱	xiandai@cnpitc.com.cn
印　　刷	河北飞鸿印刷有限责任公司
开　　本	710mm×1000mm　1/16
印　　张	12
版　　次	2013 年 11 月第 1 版　2021 年 3 月第 3 次印刷
书　　号	ISBN 978-7-5143-1629-2
定　　价	39.80 元

P前言
REFACE

- -

　　为什么当今时代的青少年拥有幸福的生活却依然感觉不幸福、不快乐? 又怎样才能彻底摆脱日复一日地身心疲惫? 怎样才能活得更真实快乐? 越是在喧嚣和困惑的环境中无所适从,我们越是觉得快乐和宁静是何等的难能可贵。其实,正所谓"心安处即自由乡",善于调节内心是一种拯救自我的能力。当我们能够对自我有清醒认识,对他人能宽容友善,对生活无限热爱的时候,一个拥有强大的心灵力量的你将会更加自信而乐观地面对一切。

　　青少年是国家的未来和希望。对于青少年的心理健康教育,直接关系着下一代能否健康成长,承担起建设和谐社会的重任。作为家庭、学校和社会,不能仅仅重视文化专业知识的教育,还要注重培养孩子们健康的心态和良好的心理素质,从改进教育方法上来真正关心、爱护和尊重他们。如何正确引导青少年走向健康的心理状态,是家庭、学校和社会的共同责任。心理自助能够帮助青少年解决心理问题,获得自我成长,最重要之处在于它能够激发青少年的自我探索的精神取向。自我探索是对自身的心理状态、思维方式、情绪反应和性格能力等方面的深入觉察。很多科学研究发现,这种觉察和了解本身对于心理问题就具有治疗的作用。此外,通过自我探索,青少年能够看到自己的问题所在,明确在哪些方面需要改善,从而"对症下药"。

　　好的习惯将使你成为有成就的人,同样,坏的习惯也将使你一生一事无成。所以切不可小看平时一些微不足道的毛病,一旦养成习惯,将成为你前进路上的绊脚石。这就非常需要我们仔细检查一遍自己的习惯。看看哪些是有益的,哪些是有害的,而后,将有害的改为有益的。哪怕一个小小的改

变,假以时日,必能受益无穷。后天的培养铸就了人们强大的习惯,要树立勤奋是光荣的、努力和坚持不懈终会得到好回报的信心,正所谓好习惯结好果,坏习惯酿恶果。

习惯是所有伟人的奴仆,也是所有失败者的帮凶。伟人之所以伟大,得益于习惯的鼎力相助;失败者之所以失败,习惯同样责不可卸。习惯决定命运。但我们应该明白,习惯不是与生俱来的,它是我们在后天的行为活动中逐步形成的。只有在正确道德意志的驱使下,才能形成良好的习惯。捡起别人忽略的纸屑,扔掉马路上的砖瓦,按时归还借来的东西,学会整理自己的学习用具,学会独立处理自己的事情……这些都需要我们在日复一日的学习与生活当中逐步养成。

所有成功人士都有一个共性,那就是,基于良好习惯构造的日常行为规律。各个领域中的杰出人士——成功的运动员、律师、政客、医生、企业家、音乐家、教育家、销售员,以及其他专业领域中的佼佼者,在他们的身上都有一个共性,那就是良好的习惯。正是这些好习惯,帮助他们开发出更多的与生俱来的潜能。正因为习惯的力量是如此之大,所以我们要养成良好的习惯以有助于成功。

本丛书从心理问题的普遍性着手,分别描述了性格、情绪、压力、意志、人际交往、异常行为等方面容易出现的一些心理问题,并提出了具体实用的应对策略,以帮助青少年读者驱散心灵的阴霾,科学调适身心,实现心理自助。

本丛书是你化解烦恼的心灵修养课,可以给你增加快乐的心理自助术;本丛书会让你认识到:掌控心理,方能掌控世界;改变自己,才能改变一切;本丛书还将告诉你:只有实现积极心理自助,才能收获快乐人生。

C目　录
ONTENTS

第三篇　社交有术,舍得之间

第四篇　亦舍亦得,潇洒人生

第五篇　舍得之中,驰骋职场

第一篇 >>>

完美生活，舍得引路

俗话说："人生有舍必有得。"但其实人生有得必有舍，这是颠扑不破的真理。所以，在生活中我们要学会适当地舍与得，掌握舍得之间的平衡，该舍就舍，该得就得，毅然舍得，善于舍得，让我们的人生少一点坎坷，少一点失败，多一点成功，多一点辉煌。那么让我们用舍得引路，赢得完美人生。

舍得舍得，有舍就有得；得失得失，有得就有失。

人世间就是这么奇妙，你又何须苦苦追寻一个目标？放得下，才能走得远；有所放弃，才能有所追求。

患得患失，得不偿失

患得患失的人把个人的得失看得过重。其实人生百年，贪欲再多，官位权势再大，钱财再多，也一样是生不带来死不带走。丢掉心理上的患得患失，摆脱观念上的物我对立，只要找到心理上的平衡，找到一条适合自我心灵快乐的生活之路，便是顺其自然。

有人说，人在没有得到富贵与权力的时候，总是害怕得不到；在得到富贵与权力的时候，则又唯恐失去。这就是我们常说的患得患失。

许多人都有过丢失某种重要东西的经历：比如不小心丢失了刚发的工资、最喜爱的自行车被盗了、相处了好几年的恋人拂袖而去等等，这些大都会在我们的心里留下阴影，有时我们甚至会因此而备受折磨。究其原因，就是我们没有调整心态去面对失去，没有从心理上承认失去，只沉迷于已不存在的东西，而没有想到去创造新的东西。我们常说："旧的不去新的不来。"事实正是如此，与其为失去的自行车懊悔，不如考虑怎样才能再买一辆新的；与其对恋人的离去而痛不欲生，不如振作起来，重新开始，去赢得新的爱情。

每个人都有过失去，但对其所持的心态却不同。有的人总是向他人反复表明他失去的东西有多么好、有多么珍贵；有的人则不同，比如，他们在失去了原有的工作之后，不是一味地伤感，而是主动寻找新的工作，他们相信，失去并不意味着失败，失去后还可以重新拥有。这才是成功者应具备的心态。

患得患失的人把个人的得失看得过重。其实人生百年，贪欲再多，官位权势再大，钱财再多，也一样是生不带来死不带走。

丢掉心理上的患得患失，摆脱观念上的物我对立，"天生我材必有

用,千金散尽还复来","以前种种,譬如今日死;以后种种,譬如今日生。"只要找到心理上的平衡,找到一条适合自我心灵快乐的生活之路,便是顺其自然。

有一位女孩,她的声音像夜莺一样婉转动人。每天,她都会练歌,都会重温自己的梦想——长大后成为一名歌手。但是她很胆怯,从来不敢到公共场合。

一天,父亲把她带到了朋友的酒吧,鼓励她试一试。当时酒吧里人很少,她鼓起勇气,唱起了自己最拿手的曲子。美妙的歌声就像流水一样,瞬间淌进了人们的心田。人们纷纷投以欣赏的眼光,但是她突然胆怯了,歌声也变得有些晦涩。她试图纠正,但是心情越来越紧张,结果唱到第三节时,她走调了。

一旁的服务生轻轻地笑了,敏感的她立即停止了歌唱,走下台来。看到父亲,她哭了。此后,她再也不敢唱歌了。

后来,她考入了浙江一所大学,学的是历史。当一名历史老师是她的新理想。

大学毕业前夕,她所在的城市承办了当年的业余歌手大奖赛。

父亲心有不甘,他鼓励女儿参赛,女孩却没有信心。

父亲知道女儿害怕失败,开导她说:"你现在的梦想是什么?"

女孩说:"当一个历史老师。"

父亲说:"你不想当歌手了?"

女儿说:"不想了。"

"那好,"父亲说,"你去参加歌手比赛吧,你唱得不好,也不会影响你的梦想;你唱得好,得了名次,你的梦想仍然不变。没有人能阻止你的梦想。"

女孩被父亲说动了。但是登台之前,女孩仍然紧张。父亲说:"记住,你的梦想不是歌手,而是历史老师。你要让观众知道,未来的历史老师,歌喉同样很好!"

女孩笑了。她轻松地上台,轻松地演唱,婉转的歌声感染了每一位现

场观众。一曲唱罢，台下掌声雷动。

那一次，女孩获得了大赛金奖。后来，她参加了许多次歌手大奖赛，每次都有收获。再后来，她被一家电视台发现，成了一名主持人。每一天，她都要面对成千上万的观众，她的栏目成了该电视台的招牌节目。

故事中女孩的成功说明，一个人要想成功，首先要克服患得患失的心理。如果你不能克服患得患失的心理，即使是很小的障碍，也会变成不可逾越的深渊。有些时候，我们没必要给自己设置太多的压力。只要曾经追求，失败了也是一种美丽。只要越过"雷池"一步，我们就有望踏上成功的乐土。只要把得失成败看轻看淡，敢于放手一搏，我们终究会翱翔于理想的天际。

当我们在得与失之间徘徊的时候，只要还有抉择的权利，我们就应当以自己的心灵是否能得到安宁为原则。只要我们能在得失之间做出明智的选择，我们的人生就不会被世俗烦恼所淹没。

有的人在得与失之间不停地徘徊，一生都处于苦恼之中而失去了许多快乐时光，其实这是不应该的，人不能因为患得患失而丢失了本该愉快的心情。

有一个老太太，她不管阴天还是晴天都会痛哭流涕。人们见了都很纳闷，就问她原因，她说："我儿子是卖雪糕的，所以一到阴天我就担心儿子的雪糕卖不出去，伤心得哭个不停；而我女儿是卖伞的，所以一到晴天我就害怕没人买我女儿的伞，也会悲伤地大哭起来。"人们听了哭笑不得，就对她说："以后，晴天的时候，你就想人们都去买你儿子的雪糕了，阴天的时候就想人们都去你女儿那里买伞了，不就可以了嘛！"

生活中，像这个老太太这样患得患失的人很多，他们对取舍犹豫不决，本来拥有一些自己并不需要而且是多余的东西，却又绞尽脑汁想使这些东西保留下来，并为此终日烦恼，甚至因此而损害了健康。与其担忧会失去，倒不知让它失去好了，换来了心情轻松和愉快，不是更好吗？

"不以物喜,不以己悲。"其实得到固然令人欣喜,失去却也没有什么值得悲伤的。得到的时候,渴望就不再是渴望了,于是得到了满足,却失去了期盼;失去的时候,拥有就不再是拥有了,于是失去了所有,却得到了怀念。得与失本身就是无法分离的:得中有失,失中又有得。

面对得失,我们一定要有清醒的头脑,不要把得看得太重,在每种得的后面,都可能潜藏着失,只有那些短视的人,才只顾眼前利益,看不见利益背后的隐患;而每种失的后面也有可能潜藏着得,只不过有的人因为目光短浅对此不做深入分析,只看到是一种失,便避之唯恐不及,从而与"失中之得"擦肩而过。

心灵悄悄话
XIN LING QIAO QIAO HUA >>>

人生总是在不断地失去和拥有。拥有快乐,失去烦恼;捡到幸福,丢掉悲伤。不管将来你要怎么选择,最重要的是能够开心地面对,不要患得患失。

知足才能常乐

每个人都有不如人的地方,也有比别人强的地方,要正视自己眼前的生活,正视现实的一切,正确估价自己,应该做什么样的事,适合做什么样的事,什么样的生活才适合自己,量体裁衣。你没必要和别人攀比,那样只能使自己永远地这山望着那山高,只能使自己的生活充满烦恼,身心疲惫,永远没有快乐。

所以人生是否快乐,关键看你是否知足。那些总认为别人的都是好的,或者想着那些得不到的东西,实现不了的事情,总觉得自己的生活不如人,这样的人,是永远没有快乐的。

命运之神对霍金是足够苛刻的了:口不能说,腿不能站,可他仍感到自己很富有。因为他有一颗活动的手指,一颗能思维的大脑……这些已让他感到足够的满足,并对生活充满了感恩之心,所以他的人生一样充满了快乐。比上不足,比下有余,知足才能常乐。

有位国王,天下尽在手中,照理,应该满足了吧,但事实并非如此。

国王自己也纳闷,为什么对自己的生活还不满意,尽管他也有意识地参加一些有意思的晚宴和聚会,但都无济于事,总觉得缺点什么。

一天,国王起个大早,决定在王宫中四处转转。当国王走到御膳房时,他听到有人在快乐地哼着小曲。循着声音,国王看到是一个厨子在唱歌,脸上洋溢着幸福和快乐。

国王甚是奇怪,他问厨子为什么如此快乐? 厨子答道:"陛下,我虽然只不过是个厨子,但我一直尽我所能让我的妻小快乐,我们所需不多,头顶有间草屋,肚里不缺暖食,便够了。我的妻子和孩子是我的精神支柱，而我带回家哪怕一件小东西都能让他们满足。我之所以天天如此快乐，是因为我的家人天天都快乐。"

听到这里，国王让厨子先退下，然后向宰相咨询此事，宰相答道："陛下，我相信这个厨子还没有成为 99 一族。"

国王诧异地问道："99 一族？什么是 99 一族？"

宰相答道："陛下，想确切地知道什么是 99 一族，请您先做这样一件事情，在一个包里，放进去 99 枚金币，然后把这个包放在那个厨子的家门口，您很快就会明白什么是 99 一族了。"

国王按照宰相所言，令人将装了 99 枚金币的布包放在了那个快乐的厨子家门前。

厨子回家的时候发现了门前的布包，好奇心让他将包拿到房间里，当他打开包，先是惊诧，然后狂喜：金币！全是金币！这么多的金币！厨子将包里的金币全部倒在桌上，开始查点金币，99 枚，厨子认为不应该是这个数，于是他数了一遍又一遍，的确是 99 枚。他开始纳闷：没理由只有 99 枚啊？没有人会只装 99 枚啊？那么那一枚金币哪里去了？厨子开始寻找，他找遍了整个房间，又找遍了整个院子，直到筋疲力尽，他才彻底绝望了，心中沮丧到了极点。

他决定从明天起，加倍努力工作，早日挣回一枚金币，以使他的财富达到 100 枚金币。

由于晚上找金币太辛苦，第二天早上他起来得有点晚，情绪也极坏，对妻子和孩子大吼大叫，责怪他们没有及时叫醒他，影响了他早日挣到一枚金币这一宏伟目标的实现。

他匆匆来到御膳房，不再像往日那样兴高采烈，既不哼小曲也不吹口哨了，只是埋头拼命地干活，一点也没有注意到国王正悄悄地观察着他。看到厨子心绪变化如此巨大，国王大为不解，得到那么多的金币应该欣喜若狂才对啊。他再次询问宰相。

宰相答道："陛下，这个厨子现在已经正式加入 99 一族了。99 一族是这样一类人：他们拥有很多，但从来不会满足，他们拼命工作，为了额外的那个'1'，他们苦苦努力，渴望实现'100'，因此他们永远不知道放松和

快乐"。

　　我们怀着知足的心来面对身边的任何事物，才能感到世界如此的美好，生活如此的幸福。

　　人一生的旅途中，每走一步，都将会有不同的境遇，看到各色的风景。忽而艳阳高照，忽而阴霾雨雪。我们变换着不同的心态来适应各种各样的境遇。要知道世上没有十全十美的东西，我们不要过分注意生活的缺憾。否则，就会到处都是阴云淫雨，烦恼不尽。所以，知足地享受当下的美丽，才能快乐常伴。

　　夏日香气微泛，偶有清风送爽。几个年轻小伙子，带好了钓鱼的工具，来到了河边。河中的浮萍和绿藻，都透露着夏的气息，时而微风吹来，河面泛着涟漪。小伙子们兴致勃勃地坐在河边，在鱼钩上挂好鱼饵，做好准备工作，就开始钓鱼了。从朗朗晴日，一直到日落西山，小伙子们竟然只钓上来区区4条鱼，他们终于按捺不住，十分懊恼。垂钓的兴致大消，有一个小伙子竟然破口大骂。

　　忽然，他们注意到在他们不远处有一位老者正在垂钓，"目似瞑，意暇甚"，从他们来一直到现在，老者都稳坐旁边，他们想去探个究竟。

　　于是，一个小伙子走了过去，轻轻地问道："老人家，您一共钓了多少条鱼啊？"

　　老人侧着身说："我也不清楚一共钓了多少条，只是坐在这里静静地等待，当有鱼咬钩的时候，我就把鱼放在小桶里面。闭目养神，尽情地享受垂钓的乐趣！"

　　小伙子向老人诉说了自己和同伴的遭遇，由于没有钓上几条鱼，一切的好心情都没有了！

　　老人听了以后，微微一笑："垂钓，只是怡情养性而已。如果单纯为了鱼，不如直接去市场买几条罢了。"

　　老人接着说："快乐不是强求来的，主要的是我们能够享受过程中的美丽。每一个过程，当你细细品味的时候，都是有快乐可寻的。别只瞄着

结果,而忽略了中间美丽的过程。"

人生每一秒钟都有精彩之处,每一个瞬间都有难忘的旋律,让我们以知足的心态,过好每一天的幸福。

古人的"布衣桑饭,可乐终身"是一种知足常乐的典范。"宁静致远,淡泊明志"中蕴含着诸葛亮知足常乐的清高雅洁;"采菊东篱下,悠然见南山"中尽显陶渊明知足常乐的悠然;沈复所言"老天待我至为厚矣"表达着知足常乐的真情实感。更多的时候,知足常乐是融合在平平淡淡才是真的意境中。知足常乐,是一种人性的本真,在孩童时代,我们会为拥有自己梦想得到的东西而喜上眉梢,笑逐颜开,烙下一串串深刻的记忆;今日重温,也许会忍俊不禁,无论行至何方,所处何位,知足常乐永远都是情真意切的延续。

当然,知足常乐,不是要睡在成绩簿上睡大觉,沾沾自喜,盲目乐观,矫揉造作,狂放不羁。事情的发展不可能一蹴而就,要学会分析问题,洞察一些暂时的成功,乐于进取,乐于开拓,为将来取得更大的成功鼓足信心,做好充分的准备,乐观的心态才不至于扭曲前进的风帆。知足常乐,真正意义上是个人永远追求的精神基站。

心灵悄悄话
XIN LING QIAO QIAO HUA >>>

知足者身贫而心富,贪得者身富而心贫。不是常说知足常乐吗?乐什么,就是我们的心乐,虽没有多少财产,收入也没有多高,但我们心无牵挂。人都是有思想的,思想富有才是真正的富有。

不要刻意追求完美

　　要想真正拥有幸福就必须学会放弃完美，不求完美，因为我们的确不是完美无缺的。这是一个令人宽慰的事实，我们越是及早地接受这一事实，就越能及早地向新的目标迈进。

　　世间美好的东西实在太多，我们也总是希望能得到更多，但人生如白驹过隙一样短暂，生命在拥有和失去之间不经意地流尽。欲望不死，追求就不会停止，但理想与现实的差距让我们不得不学会放弃对完美的追求。

　　上天给予我们每个人的都是一座丰富的宝库，但你必须学会放弃完美，选择适合你自己的。人生有所失才会有所得，只有放弃一部分，我们才会得到另外一部分；只有放弃某种我们凭"惯性"而固守着的东西，才会得到另一些真正对我们有用的东西。

　　下岗了，就应转变就业观，放弃脑子里根深蒂固的面子观念，到更广阔的就业天地里去寻生计；弃政而从商，到"海"里扑腾了，就得放弃机关优厚、舒适的工作条件；选择走进了婚姻"围城"，就得放弃单身时的逍遥洒脱、自由自在……

　　要适应一种生活，就必然得放弃某些观念和欲望。放弃得当，我们才会解脱各种羁绊，打破各种禁锢，甩掉"包袱"，轻装前行，更快更好地进入"适应"的角色。

　　追求完美要不得，生活中只有懂得放弃才有快乐，背着包袱走路总是很辛苦。

　　昭是一个漂亮的姑娘，而且口才也很好。像她这样集各种优点于一身的年轻未婚姑娘，追求者自然是很多的。每当夜深人静时，昭便对那些

围着她转的小伙子逐个排队比较，她发现每个人各有千秋，都有令她动心之处，也有大大小小的毛病。她无法逐个放弃，因而也无法断然选择。就这样，昭从一个不足20岁的青春少女变成了一个30出头的老姑娘。那些追求昭的小伙子耐不住苦苦等待的煎熬，热情逐渐减退，都先后成了家。昭至今还是孤身一人。

追求完美要不得，如果当初昭能够放弃完美，在众多的追求者中选择一位，她就不会尝尽孤单的滋味。她失去最佳的选择时机，选择余地就有限了。

你站在一面穿衣镜前，观察自己的面孔和全身。你可能喜欢某一部分，而不喜欢另一部分。如果你看自己不喜欢的部分，请你不要逃避，不要抵触，不要否认自己的容貌。这个时候你需要放弃完美。

许多年前，一位叫洛蕾丝布的24岁的年轻妇女无意中读了布兰登的一本书，于是找布兰登来进行心理治疗。洛蕾丝布有一副天使般的面孔，可骂起街来却粗俗不堪，她曾经吸毒、卖淫。布兰登道：

"她做的一切都使我讨厌，可我又喜欢她。不仅是因为她的外表相当漂亮，而且我确信在堕落的表象下她是个出色的人。起初，我用催眠术使她回忆她在初中是个什么样的女孩子。她当时很聪明，但是不敢表现自己，怕引起同学的嫉妒。她在体育上比男孩强，招惹来一些人的讽刺挖苦，连她哥哥也怨恨她。我让她做填空练习，她哭泣着写了这样一段话：'你信任我，你没有把我看成坏人！你使我感受到痛苦，也感受到了期望！你把我带到了真实的生活里，我恨你！'"

一年半后，洛蕾丝布考到洛杉矶大学学习写作。几年后她成为一名记者，并结了婚。10年后的一天，布兰登和她在大街上邂逅，布兰登几乎认不出她了：衣着华丽，神态自若，生气勃勃，丝毫不见过去的创伤。寒暄后，她说："你是没有把我当成坏人看待的那个人，你把我看作一个特殊的人，也使我自己看到了这一点。那时我非常恨你！承认我是谁，我到底是什么人，这是我一生中从未遇到的事。人们常说承认自己的缺点是多

么不容易的事，其实承认自己的优点更是多么难。"

　　为什么真正做到放弃完美、自我接受不容易？因为自我肯定这个事实使你必须真正保持清醒的头脑，振作精神，抓住机遇，迎接生活的挑战，这就是自觉的生活，积极的心态。

　　有位诗人曾说过："要想采一束清新的鲜花，就得放弃城市的舒适；要想做一名登山健儿，就得放弃白嫩的肤色；要想穿越沙漠，就得放弃咖啡和可乐；要想拥有永远的掌声，就得放弃眼前的虚荣。"有得就有舍，有舍才能得。

心灵悄悄话
XIN LING QIAO QIAO HUA >>>

　　童话故事中的完美是给人们对美好生活的一种想象，在现实生活中完美是不存在的。也就是说，我们可以追求生活中的美，但不能一味地苛求完美，因此要懂得舍得的艺术。

舍得自我认同感

人的身份是一种"自我认同",这本来并不是什么不好的事,但这种"自我认同"也是一种"自我限制",也就是说,怀有这种认同感的人常常会这样想:因为我是这种人,所以我不能去做那种事。而自我认同感越强的人,自我限制也就越厉害。

家世不错的人觉得自己的身份很高;有学问的人觉得自己不同凡响;有钱财的人觉得自己不同旁人;有名位的人认为自己比较有尊严。事实上,一个人如果依赖这些作为身份,是不会持久的。

生命的价值不依赖我们的金钱、地位,也不仰仗我们结交的人物,而是取决于我们自身,取决于我们的内心! 所以,抛开这些,把自己的位置放低一点,我们就可以快乐地生活。

鲁国国王想学习三皇五帝的学说,从事三皇五帝的事业,敬重贤能之士,亲自去做一些实在的事情。想虽然是这样想的,但鲁王又总是忧心忡忡,觉得自己的安全没有保障,架子也放不下来。

楚国贤人熊宜僚来鲁国,看穿了鲁王的心思,便建议说:"大王去南越吧。那里的民风古老纯朴,人无私心,人们行为举止随意。您去那里,可以抛掉庸俗的念头,修成大道。"

鲁王着急了,说:"那儿山高路远,没有车船,我可怎么办?"

熊宜僚说:"不要以为自己是国王,就放不下架子;也不要安于自己的高位,就迈不开脚步。您本人不就是一辆用不坏的车子吗?您的头颅是车把式,您的体力是驾车的马匹,您的双脚就是车轮。"

鲁王又担心:"那地方很偏远,又没什么人烟,我跟谁做邻居呢? 我

没有粮食、酒肉，吃什么呢?"

熊宜僚说:"把您的消耗量降到最低，让您的欲望和俗念尽量减少，这样即使您吃了上顿愁下顿，您也会把糠菜当成美餐。要把自己看成一个实实在在的人，既不要自视为王侯，自己娇贵自己，也不要为自己成了平民而自卑，看不起自己的贫贱。这样，富贵的日子能过，贫贱的日子照样能过。如果富贵不会成为自己骄纵的本钱，那么，贫贱也就不会成为自己生活的负担。事物的发展，此一时，彼一时。本来如此。人才是根本的、永恒的!"

打个比方，两条船并排过河，如果一只船是空的，两船碰撞，船上的人也不会发脾气。如果这船上有一个人，那船要撞过来时，这船就会让开，船上的人便会大声喊叫，要那船上的人注意。如果那船上的人不听，这船上的人就会发出警告。经过几个来回之后，双方就会恶语相加。有人和没人的区别就这样大。把意气、地位、物质这些身外之物抛开，人不就成了一个很有修养的人吗?

人无高低贵贱之分，却有贫穷富贵之别。但不论是富人还是穷人，均不可丧失做人的气节和品性。有的人生活贫困时，正直善良、乐善好施，而一旦生活富裕起来，便个性大变，仿佛忘了自己的根本，他们自恃高贵，看不起他人，甚至蛮横无理。还有一类人，他们由于自己很穷，便穷得没了志气，丧失了自尊，不惜一切求助他人，甘为他人之奴才。

心灵悄悄话
XIN LING QIAO QIAO HUA >>>

其实这两类人都不可取，因为人的价值与幸福不在于金钱、地位这些身外之物，而在于一个人的内心。所以要抛开身外之物，把自己的位置放得低一点，这样就能快乐地生活。

是取还是舍，果断决断

得到是一种快乐，舍弃是一种痛苦。然而，在漫长的人生旅途中，我们能承载的有限，若要获得一些东西，就不得不先舍弃一些东西。舍弃的过程是痛苦的，我们要舍弃的也许是曾经的梦想，也许是现有的财富，也许是美好的爱情……

在生活中，很多时候，人们都会在取舍之间优柔寡断，不能抓住机会，以至于很被动。其实往往就在你犹豫不决的时刻，机遇之门便已悄悄地在你的身后合上了。所以说，果断地在取舍之间作出抉择，是一个人行立于世的根本，也是一个人成功的关键，与其一生的命运密切相关。人都有私心，所以才会舍不得、放不下自己所拥有的，也因此才会在取舍之间难以抉择。

捷克是铁路上的报刊发送员，由于他勤劳、热情，没有人不喜欢他。更让人们钦佩的是他在 24 岁的时候，就已经当上了铁路上的分段长。这与他的做事果断，勇于作出决断密不可分。在他未升职之前，曾发生了这样的一件事情。一天清晨，他像往常一样把报纸送到办公室，刚一进门，就发现同事们焦急不堪，原来是一辆被撞毁的大货车阻碍了路线，使得铁路运输混乱异常，着急赶火车的乘客们急得团团转，不断地打来电话问怎么回事？为什么没人解决？按照铁路条例的规定，当发生紧急情况时，只有铁路分段长允许才能调车，否则任何人擅自执行都会受到处分或是革职。

同事们之所以不敢采取措施，有所行动，就是因为分段长保罗不在。所以没有人冒着革职的危险去采取任何行动。

眼看着车况越来越糟糕，大型货车全部停滞，特快客车也因此误点了，可是分段长依然没到。如果再任其发展下去一定会影响铁路的运输系统，看着翘首以盼的人们，捷克也顾不上太多了，毅然地在同事们胆怯的目光下发出了调车集合的电报，并在上面签署了保罗的名字。人们深知他的举动破坏了铁路上最严格的一条原则，如果被上面知道了的话，他随时会受到开除的处分。每个人望着拥挤不堪的铁路，都犹豫不决，解决了问题固然是好，可是却会因此而丢掉工作。这的确是个两难的问题。面对这样的处境只有捷克勇敢地作出了决断，并说明了一切后果由他负责。

没过多久，拥堵的道路畅通了，这时保罗也闻讯赶回来了。各项事情都井井有条地进行着。这时，捷克告诉了他整个事情的经过，并沮丧地等待着批评和处分。可谁知道保罗只是笑了笑，并没说什么。同事们感到很惊讶，问保罗为什么没有按照规矩办事，保罗严肃地回答："规矩能解决问题时，按照规矩办事；当规矩不能解决问题时，就得自己想办法。所以，勇于作出决断的人，不应该受到指责。"

果断的人在取舍之间常常能做出果断而又准确的抉择，因为他们永远清醒地知道什么对于他们来说更重要一些，能为别人做些什么。但这个世界上还有一种人，面对取舍，永远是犹豫不决，模棱两可。他们本身都不知道自己所需要的是什么，当面对抉择的时候，总是告诉别人"随便"，等到结果出来了，便开始抱怨不停。

美国盲人作家吉姆·史都瓦有一次乘坐飞机，坐在他身旁的是一个特别喜欢抱怨的人。当空中小姐过来询问旅客喜欢吃鸡肉还是牛肉时，史都瓦回答："鸡肉。"而旁边那个爱抱怨的人却回答什么都可以。

没过多久，空姐就把他们各自需要的食物端了上来。随后在接下来的半个小时里，史都瓦一直忍受着那个爱抱怨的人对牛肉的"谴责"，其实，不管牛肉是硬的，还是冷的，都是他自己做的选择，而结果却让周围的人与他一起承担。

　　还有一些人，就像在饭店点菜，他会说"你看着点吧，我吃什么都可以。"可是当你拿起菜单刚要点菜时，他就不停地发表自己的高论，这家的虾子好像不错，鱼汤也可以吧。其实，人生就是一个不断选择，不断在取舍之间做出结论的过程，不管你的抉择是怎样的，都不要拖拖拉拉、模棱两可，要果断地作出选择，并对其负责任。勇于作出抉择、果断是你人生的一张关键牌，你是否具备这样的素质，与你在你的人生之路上是否可以减少坎坷、获得成功密切相关。

　　任何一项决策，都较大程度地掺杂了人们的主观因素，所以，这个决策并不一定是最好的，但却总要去做才知道什么才是好，什么才是错。即使错了，又怎么样呢？至少下一次，我们会做得比这一次好。所以，勇于作出决策吧，它不仅是你成熟的重要标志，也是你成功的关键所在。只有舍得放弃才能收获更多。所以当我们参透了舍得，也就参透了人生，也就掌握了幸福的法则。

心灵悄悄话
XIN LING QIAO QIAO HUA >>>

　　瞻前顾后，只会让你失去一次良机。只有抛开一切，全力以赴，果断地迈出你新的第一步，才会有取得成功的可能。

转个弯，生活依然美好

同样生活在这个世界上，但人的命运却是各有不同。有的人生如百年佳酿，芳香醇厚，甘饴醉人；有的人生如苍茫苦海，风波险恶，浩渺无边。其实，人生的得失成败、高低起伏都不是绝对的。命运的孰好孰坏，是福是祸，关键在于自己的心境如何，以怎样的心态去看待。

智者常说：境由心生。譬如面对夕阳如血的黄昏，沮丧者看到的只是一片凄迷悲凉之景，想到的是日薄西山，英雄末路的落寞；乐观者却能从中领略到一种博大淡然之美，想到"莫道桑榆晚，为霞尚满天"的豪放与气魄。又如面对寒冬里的一株枯树，颓废者看到的只是它的残枝败叶，满目疮痍，想到的是它苟延残喘，尚不久矣的风烛之年；进取者却能感觉到寒冬过后它再度朝气蓬勃的生命之韵，想到的是"病树前头万木春"的繁盛景象。可见，对同一境遇，由于我们的心态、角度不同，所得出的感受也就会截然不同。如果我们能转个弯，换一种更加积极乐观的心态，去面对人生的种种困难、挫折，相信定能走出逆境，迎来光明，我们的生活也依旧美好。

宋朝的大文豪苏东坡与佛印和尚是很要好的朋友，闲暇时，也总喜欢彼此嘲讽一番。一天，两人一起坐下来打禅。没过多久，苏东坡就睁开了眼睛，问佛印："你看我坐禅的样子像什么呢？"佛印看了他一眼，说："像一尊高贵的佛。"苏东坡听了，心理暗自高兴。这时，佛印也反问道："那你看我坐禅的样子又像什么呢？"苏东坡想借此讥讽他一下，便说："我看你呀，像一堆牛粪。"原本以为佛印会反唇相讥，谁想他竟一笑而过，什么都没说。

苏东坡回到了家以后，连忙得意地把这件事告诉了苏小妹，当苏小妹知道了事情的原委之后，忍不住笑着告诉哥哥："其实真正被嘲讽的人是你啊，人家佛印和尚心中有佛，所以看到你坐禅便觉得像佛。而你的心中只是牛粪，所以看到别人便也如粪了。"苏东坡这才恍然大悟。

因为佛印的心态与苏东坡截然不同，所以所看到的感受的便也就不一样了。在我们的日常生活中，也同样，若是心中装满坦然与大度，那看问题的眼光也就会更加豁达，生活也就会变得美好明媚起来。若是心中揣满了嫉妒与愤恨，那看问题的眼光也就变得更为尖锐、狭隘，生活自然也就苦闷、不如意起来了。

一对夫妻想要租一套房子，两个人忙忙碌碌了好几天看了许多房子，可惜就是没有合适的。这天，终于看到了一套他们都算满意喜欢的房子了。为了能快点搬进来，他们便想尽快签合同把房子定下来。但是，房主却是个脾气古怪的人，不喜欢小孩子吵闹，所以提出了一个限制条件，就是不租给有小孩子的人。得知之后，夫妻俩面面相觑，顿时倍感失望。

妻子："如果我们没有孩子就好了，你看，现在多麻烦。"

丈夫："你在说什么？为了租个房子，居然后悔有了我们的孩子。"

妻子："可是我真的很喜欢这套房子，都是被这个'拖油瓶'给害了。"

夫妻俩这时都很沮丧，牵起孩子的手正准备离开，可是小孩子却跑开了，又回去按了门铃。"叮咚"，房东再次走了出来，低头便问小孩："什么事啊？拖油瓶。"

小孩："爷爷，我想跟您租房子。"

房东："租房子？我已经说过了，不准备租给有小孩子的家庭。"

小孩："哦，这个我知道，但是你看，我没有小孩子啊！我只有爸爸妈妈，所以，您完全可以把房子租给我。"

房东听了小孩子的话，先是一愣，然后微笑着告诉他："那好，就租给你了！"

　　大人之间的难题，却被一个小孩子这样轻而易举地解决了。原因就在于，这个聪明的小孩知道转个弯，换个角度看待问题。

　　苏轼有句名言"横看成岭侧成峰，远近高低各不同。"在很多时候，一个人的烦恼与苦难都是因自己从过去生活中得到的"经验"做出的错误判断所导致的。其实，我们不妨换个角度看待事物，摆脱一直以来的习惯。换个角度看问题，是勇气的象征，你也会发现前方并不是无路可走。有些人担心换个角度是否依然前路茫茫？不知何去何从，其实，并非如此。韶华易逝，时不我待，有勇气换个角度，换种心态，便会多一分成功的机会，人生道路千万条，总有一条适合自己。换一个角度看世界，生活依旧美好。

心灵悄悄话
XIN LING QIAO QIAO HUA >>>

　　生活就似一面镜子，若你心中充满了阳光、热情与爱，那你所感受到的就是温暖与快乐，生活也将是绚丽多彩；若你心中充满了抱怨与不满，那你就只能感受到痛苦与磨难，生活也将是苦难重重。所以，我们每个人都应该用更加积极的心态去面对生活。

将机会掌握在自己手中

机会和命运就如同孩子手中的小鸟一样，完全掌握在人们自己手中。成也好，败也好，失也好，得也好，都由我们自己做主。生活中，我们时常能听到报怨世道不公，羡慕他人高迁，后悔当初没有把握机遇，让人捷足先登。殊不知，机会由自己把握，你失败了，只是因为自己没有争取而已。

在一个小村庄里，住着一位睿智的老人，村里有什么疑难问题都来向老人请教。一天，一个聪明的孩子，想要故意为难一下这位老人。他捉了一只小鸟，握在手中，跑去问老人："爷爷，大家都说您是村里最有智慧的人，不过我却不相信。您要是能猜出我手中的鸟是活的还是死的，我就相信了。"老人注意到了小孩狡猾的眼睛，便已心中有数，如果他回答是活的，小孩就会暗中加把劲把小鸟掐死；如果他回答是死的，小孩就会松开手让小鸟飞走。于是，老人拍了拍小孩的肩膀笑着说："这只小鸟的死活，就看你自己了！"

机会，每个人都会拥有，但由于各自的心态不一样，有的人全力以赴，牢牢抓住便成功了。有的人，害怕辛苦，不愿努力就轻易错过了，所以才会一生奔波不息、一身疲惫、一腔辛酸，走到头却两手空空，一事无成。因此，要想成功，就必须将机会握在自己的手中，脚踏实地地努力，不能只是空想，空想误事，这是真理。机会只属于有心的人，有准备的人。

有一个人在上山砍柴的时候，遇到了神仙，神仙告诉他说，有大事要发生在他身上了，他将有机会得到很大的一笔财富，并获得卓越的地位，

娶到一个年轻貌美的妻子。

这个人终其一生都在等待这个机遇，可是什么事也没发生。结果他穷困地度过了他的一生，最后孤独地老死了。他死后，又看见了那个神仙，他对神仙愤怒地说："你说过要给我财富、地位和漂亮的妻子，可我苦苦等了一辈子，却什么也没有。"

神仙回答他："我从没说过那种话。我只承诺过要给你这样的机会，可是你却让这些机会从你身边溜走了。"这个人迷惑了，于是，神仙接着说："你记得你曾经有一次想到了一个赚钱的方法，可是你最终也没有行动，因为你怕失败而不敢去尝试，对吗?"这个人点点头。神仙继续说："因为你没有去行动，这个方法几年以后被另外一个人想到了，也去做了，现在他已经变成了全国最有钱的人。还有，你应该还记得那次大地震，城里的房子一半都毁了，几千人被困在倒塌的房子里。你有机会去帮助那些存活的人，可是你却怕小偷趁火打劫，不去理会那些需要你帮助的人，而只是守着自己的房子。"这个人不好意思地点点头。神仙说："那是你去拯救几百个人的好机会，这个机会可以使你在城里有莫大的尊崇和荣耀啊!""还有一次，"神仙继续说，"你记不记得有一个头发乌黑亮丽的漂亮姑娘，你被她的美丽所吸引。可你总想着她不可能会喜欢你，更不可能会嫁给你，你因为害怕被拒绝，就这么让她从你身边走掉了。"这个人又点了点头，这次他悔恨地流下了眼泪。

神仙说："我的朋友啊，她本该是你的妻子，你们本来会有好几个漂亮的小孩，而且跟她在一起，你的人生将会幸福而美好。可是你却没有把握住机会。"

其实，我们的一生中，有很多助我们成功的机会，有的人把握住了，有的人错过了。得也好，失也罢，都不要紧，因为我们比故事里的人多了一个优势，就是我们还活着，我们完全有时间为即将到来的机会准备着，一击即中。

唐代诗人白居易，在还没有名扬天下之前，就已经才高八斗、学富五

车了,但仍旧在很长时间里都不被人所知。白居易初到长安,由于自己没有名气,所以为给自己创造一个机会,便毛遂自荐到当时的社会名流顾况之处。顾况一听,白居易——是一个毫无身份背景的人,便讥讽道:"长安米贵,要在此地居住下来可不容易!"但当他读完白居易的《赋得古原草送别》时,对白居易的评价却大不一样了,不禁惊叹道:"有如此之才,白居亦易!"于是,立即召见,并大力地推举他,使得白居易很快便在京城声名大噪,站稳了脚跟。可见机会都是靠自己做足准备,并积极去创造的。

每个人都有理想与目标,但最终的结果却不尽相同。有的人成就卓越,有的人却一事无成,有太多的人埋怨上天没有给自己施展才华的机会。其实,所谓的机会就在你的脚下、就在你的身旁,就在你不屑一顾的小事中,看你如何去发现和把握了。

真正能够把握住机会的人,无不有一种务实的心境,一种踏踏实实的干劲。机会不是从天上掉下来的,而是隐藏在人们熟视无睹的、微小的地方中的,等待着人们的发现和探索。可是有太多的人终其一生都在等待一个完美的机会自动送上门,以便让他们可以轻而易举地尝到成功的喜悦,但是,这样的结果只会让他们大失所望。

心灵悄悄话
XIN LING QIAO QIAO HUA >>>

我们若想成功,就必须主动地寻找机会,敏锐地识别机会,果断地抓住机会,把机会掌握在自己的手中。决不能把希望寄托在那些偶然事件上,抱着守株待兔的侥幸心理去等待机会。

施恩图报，会让你的善心"变了味"

人生在世，难免有遭遇不顺的时候。若此时，有人伸来援手，定会铭记于心，倍感恩德。然而，知恩图报，也仅是道德的要求。并不是所有得到恩惠的人都会做出回报，如果因为自己对别人施以恩惠就耿耿于怀，天天惦念着别人的回报，就觉得自己实在是了不起，是大救星活菩萨，以一种救世主的态度对受施者居高临下，盛气凌人，那对于受施者来说与食嗟来之食又有何异？尤其是施恩者带有强烈的目的性，那这种恩惠就淡如水、轻如毛了，并且也是受恩者的苦难与结症。那这种别有用心的施恩，也就失去施恩的意义和价值了。

古时，闻名天下的巧匠公输般，为楚国制造了一种叫云梯的攻城器械，楚王有意用这种器械攻打宋国。身处鲁国的墨子，得知这个消息后，立即动身，走了十天十夜直奔楚国的都城郢，去见公输般。公输般对墨子说："夫子到这里来有赐教吗？"墨子说："北方有人辱我，我想借你之力杀他。"公输般很不高兴。墨子又说："我送你10锭黄金作为报酬怎样？"公输般说："我非滥杀无辜之人。"墨子起身，向公输般拜揖说："既然如此，我知你造了云梯，并将用云梯攻打宋。然而，宋国又有什么罪过呢？楚国的土地有余，人口不足。现在要为争夺自己已经有余的土地而牺牲本就不足的人口，这怎能算是聪明？宋国并无罪过而去攻打它，是不仁。你明白这些道理却不去进谏，是不忠。如果你进谏而楚王不从，是你不强。你不愿杀一人而杀宋国的众人，是不智。"公输般听了墨子的一席话后，深为其折服。墨子接着问道："既然我是对的，你又为什么不停止攻打宋国呢？"公输般答道："不行啊，我已经答应楚王了。"墨子说："何不把我引见

给楚王?"公输般答应了。

于是,公输盘向楚王引见了墨子。墨子说道:"现在有一个人在此,舍弃自己华丽的彩车,却想去偷窃邻居的破车;舍弃自己的锦绣华服,却想去偷窃邻居的粗布残袄;舍弃自己的珍馐美味,却想去偷窃邻居家里的糟糠之食。楚王认为这是个什么样的人呢?"楚王说:"一定是个有偷窃毛病的贼人。"墨子于是继续道:"楚国国土,方圆五千里,宋国国土,不过方圆五百里,两者比较,就如彩车与破车相比一样。楚国有云楚之泽,麋鹿犀牛遍野都是,长江、汉水水产丰富,是富甲天下的地方。宋国贫瘠,连野兔、野鸡和小鱼都没有,这就好像美味与糟糠相比一样。由此可见,大王攻打宋国,就与那个有偷窃之癖的人并无差异,所以大王攻宋不仅不能有所得,反而还要伤大王的财与义。"楚王听后说:"你说的的确是事实,但是公输般已经为我制造了云梯,我就一定要攻取宋国。"

鉴于楚王的固执,墨子转而向公输般。墨子解下腰带围作城墙,用木块作为守城的器械,要与公输般较量一番。期间,公输般多次布置了攻城的巧妙变化,墨子都能成功地加以抵御。最后公输盘的攻城器械已用完还没攻下城,墨子守城的策略还绰绰有余,公输般只得认输,但是却说:"我已经知道该用什么方法来应对你,不过我不想说出来。"墨子也说:"我也知道你要用什么方法来对付我了,我也不想说出来。"楚王在一旁一头雾水,忙问其故,墨子说:"公输般的意思不过是要杀我,我死了,宋国就无人能守住城,楚国就可以安心地去攻打宋国了。可是,我已经安排我的学生带着我所设计的守城器械,正在宋国的城墙上等着楚国进攻呢。所以,即便是杀了我,也不能杀绝深知此道的人,楚国还是不能攻破宋国。"楚王听后大声说道:"说得好极了!"于是,他不再坚持攻宋。

墨子因此成功地劝阻了楚王放弃进攻宋国的计划,便起程回鲁,途经宋国时,恰逢天降大雨,于是想到一个闾门内避雨,看守闾门的人,却怎么都不肯让他进去。殊不知,正是墨子刚刚挽救了宋国,是宋国的大恩人。可墨子并没有说什么,也毫无抱怨之心,就这样坚持淋着雨上路了。

如果墨子讲明是自己救了整个宋国,是宋国的恩人,那结果又是怎样

呢？或许他不仅可以进去避雨，还能得到百姓的追捧。可是墨子并没有这么做。正所谓施恩不望报者，圣贤之圣心，君子存之以济世。这才是大丈夫的所为，施恩不图报，只要符合自己道德标准的事就乐于去做，不求物质上的利益，不为青史留名，也只有这样的人，才会被历史所记住。

施恩莫望报，因为希望有所回报的施恩，就是变相的投机。正如你把小米撒给鸡，你说是恩惠，其实还不是想让它给你下蛋。一位受人恩惠者曾吐露了他内心的无奈："早知如此，再多的恩惠我也不敢要。"若施恩让人感到"人情债难还"时，这种施恩已经失去了它原有的光泽，也不能使施恩者感到快乐。你所付出的恩如果在不经意间不期而至，施恩者和报恩者皆大欢喜，那才是有意义的。

上帝是公平的，你付出了多少，便会收获多少，付出的时候不一定痛苦，但收获的时候却一定是快乐的。在某种意义上，收获本比付出要多，所以，我们要随时随地地给别人以帮助，这不但能给别人带来方便，同时也为自己积累了福泽，创造了机会。

在一个雨天的下午，有一位老妇人走进了匹兹堡的一家百货公司，毫无目的地在商场内闲逛，显然一副不打算买东西的样子。这时大部分售货员并没招呼她，只是自顾自地整理货架，免得这位老妇人去麻烦他们。

这时，一位年轻的男店员走向了老妇人，并热情地打招呼，很有礼貌地问她是否需要帮助。老妇人回答他说，她只是进来避雨而已，并没想过要买东西。这位年轻人听了依旧微笑着告诉她，即使如此，她依旧很受欢迎。当雨停了，老妇人准备离去时，年轻人还主动帮她拉开门，临走时老妇人并没说什么，只是向年轻人要了一张名片便径自离开了。

几个月之后，年轻人完全忘记了这件事。一天，他突然被公司的高层叫到了办公室去，老板拿出了一封信，是位老太太写来的。这位老太太要求这家百货公司派出一名员工到苏格兰去，代表该公司接下一个资金庞大的建筑项目。

原来这个老太太就是美国钢铁大王卡内基的母亲，也就是这个年轻人在几个月前热心帮助过的老妇人。

不要对陌生人的需要不屑一顾,伸出友善之手帮助这些素昧平生的人,其实也是在帮助我们自己,因为在助人之后我们的心灵也得以升华、宽慰,并且或许我们人生的转机就在这一点一滴的关心、付出之中。

乔伊斯在美国的律师事务所刚刚成立时,连买一台复印机都买不起。在移民潮一浪接一浪地在美国掀起时,他接了许多移民的案子,经常在半夜被唤到移民局的拘留所里领人。他整日开着一辆破旧的车,在小镇里奔波。终于,经过了多年的努力奋斗,他的事业取得了前所未有的发展,业务扩大几倍,走到哪里都是处处受到礼遇。

然而,天有不测风云,乔伊斯投资的股票一跌到底,几乎亏尽。更不巧的是,移民法突然又再次修改,职业移民名额遭到削减,乔伊斯的律师事务所顿时门庭冷落,几近关门大吉。

正在乔伊斯焦头烂额之时,他收到了一封信,是一家公司的总裁写给他的,信中说愿意将其公司50%的股权转让给他,并聘他为该公司和其他两家分公司的终身法人代理。看完信后,他既惊喜又奇怪,这简直是天上掉下来的馅饼,所以他并不敢相信这是真的。

于是,乔伊斯带着疑惑找上门去。总裁是个40几岁的波兰裔中年人,见到他后,笑容可掬地问道:"还记得我吗?"乔伊斯摇摇头,总裁微微一笑,然后从办公桌的大抽屉里拿出一张很皱很旧的5美元汇票,上面夹了张名片印着乔伊斯律师的电话、地址。他很纳闷,可是却怎么都想不起来了。

总裁看着他,缓缓地说道:"10年前,我在移民局排队办理工卡,当时人很多,大家都在那里拥挤和争吵。当轮到我的时候,很遗憾移民局已经快关门了。当时,我不知道申请工卡的费用涨了5美元,移民局不收个人支票,而我身上也没带钱,如果我拿不到工卡,雇主就不会雇佣我。就在这个紧急关头,你从身后递了5美元过来,我要你把地址留下,以便日后把钱还给你,你就给了我这张名片。"

乔伊斯将信将疑地问:"后来呢?"

　　总裁继续道："后来我就来到了这家公司工作，很快我发明了两个专利，并因此得到重用。其实，我到公司上班后的第一天就想把这张汇票寄出去了，但是，我却一直没这么做。我一个人来到美国闯事业，经历了许多冷遇和刁难，因此我变得消极而沮丧。而这5美元改变了我对人生的态度，所以，我觉得这张汇票十分重要，是不能这么随随便便就寄出去的……"

　　其实人生就是这样，有时候正是因为一个小小的善举便得到了如此的回报。正如故事中仅因为5美元就改变了两个人的人生。爱出者爱返，福往者福来，付出是可以创造奇迹的，所以在别人遭遇窘境时，不妨伸出援助之手，或许这只手不仅会援助他，也会援助你。

心灵悄悄话
XIN LING QIAO QIAO HUA >>>

　　卡内基曾说过："别指望别人感激你。"因为善忘本是人的天性，如果你一直期望别人的感恩回报，多半是自寻烦恼，如果想通过自己的施恩而追求别人的报恩，也会失去施恩的意义。

快乐地看待你的选择

人生,就是一个不断选择的过程。在这个过程中,我们的选择有明智的,也有失策的;有周详的,也有欠缺考虑的,但却很少会有绝对的对与错。因为任何事物本身都不是绝对的,你从这个方面看着好,从那个方面看就有可能很糟糕,不同的立场,结论也是不同的。所以,为什么要对自己的选择懊恼、悔恨呢?要知道你的任何决断都是有好坏两个方面的,既然如此,我们为什么不从好的方面快乐地看待自己的选择呢?

一位名叫塞尔玛的女孩为了自己的爱情,不顾家人反对,放弃了原来平静安逸的生活,嫁到了驻扎在一个沙漠的陆军基地里,因为那里有她深爱的男人。

丈夫白天到沙漠里去演习。她就一个人留在陆军的小铁皮房子里。那里的气候热得让人难以忍受,在仙人掌的阴影下也有50几摄氏度。身边只有墨西哥人和印第安人,他们不会说英语,没有人跟她聊天。她非常难过,于是就写信给父母,说自己后悔了要丢开一切回家去。不久,她就收到了父亲的回信。信并不长,只有短短的几行字:"两个人从牢房的铁窗向外望,一个看到泥土,一个却看到了星星。"读完父亲的来信,塞尔玛觉得非常惭愧。她决定要在沙漠里找到星星。塞尔玛开始和当地人交朋友了,她对他们的陶器、纺织都很有兴趣,他们也把自己最喜欢的纺织品和陶器送给她。塞尔玛还研究起那些引人入迷的仙人掌和各种沙漠植物,欣赏沙漠日落,海螺壳,这些海螺壳是几万年前当沙漠还是海洋时遗留下来的……原来难以忍受的环境突然变成了令人兴奋、流连忘返的奇景。塞尔玛抑制不住内心的兴奋,并就此写了一本书,以《快乐的城堡》

为书名出版了。

本来注定了痛苦、茫然的一生，为什么突然间会发生这么大的改变呢？原因就在于，塞尔玛面对自己所作出的选择的态度，如果她还是一直沉浸在后悔之中，每天忍受着环境所带来的痛苦，那她绝不会找到沙漠之星。不变的是环境，可变的是心态。在同一事物面前，与其消极、勉强地生活，不如积极地拥抱、热爱生活。这样，一路走来，我们就会发现，原来我们任何时候都是可以快乐的。

甲、乙、丙、丁是4个幸运的年轻人，他们都得到了上帝的垂青，可以搭上"愿望列车"，去选择自己的将来。"愿望列车"一共有4个站点，分别是金钱站、权力站、亲情站、健康站。甲、乙、丙、丁可以选择在任何一个站台下车。他们选择了哪一站，在经过努力之后，这方面的发展会特别的顺利和成功，而其他方面则会相对失败一些。

于是，4个人按照自己的意愿做出了自己的选择。甲在"金钱站"下了车，乙在"亲情站"下了车，丙在"权力站"下了车，丁在"健康站"下了车。

20年过去了，甲、乙、丙、丁四人不约而同地来向上帝倾诉。

甲说："感谢上帝，我现在非常有钱，身价不菲。可是年轻时为了挣钱，透支了身体，到了这个年纪，身体总是有这样、那样的毛病。并且，因为常年经商在外，冷落了妻子，她也离我而去，妻子走之后也没人管教儿子，现在儿子好吃懒做，成了扶不起的阿斗。我真的觉得自己很不幸，请问上帝，能否用我的钱把这些幸福买回来呢？"

乙说："我很幸福，父母健康，妻子贤惠，儿女孝顺，可以说，我有一个和谐美满的家庭。可是我的压力却也很大，父母这把年纪都还没有外出旅游过，妻子也没有享受过戴钻戒的快乐，儿女工作都不是很好，到了结婚的年龄，却还没有钱去买房子。请问上帝，我能用亲情换些金钱，让家人更加幸福吗？"

丙说："我十分有权，周围巴结奉承的人很多，可是他们当面说的是

赞美的话,背后却是恶语谩骂。还有这些年的应酬越来越多,别人请吃饭,不去不行,因为他们说你有点权力就摆谱装蒜。坚持原则办事,秉公处理,亲戚说你六亲不认,朋友说你不讲义气;徇私舞弊,心里又不踏实,总怕有一天会出错、进监狱。我多想拥有健康的身体和美满的亲情啊!"

丁说:"我身体非常健康,从没有去过医院,别人都羡慕我好福气。可我的妻子却总埋怨我不知进取,不知拼搏,没有魄力,像猪一样活着,永远也过不上住别墅、去国外度假的日子。我常常为此烦恼。请问上帝,我能不能用我的健康换些权力或是金钱呢?"

上帝看了看这4个人,指了指天上自由飞翔的小鸟,又指了指笼中欢快歌唱的小鸟说:"人,其实同鸟一样,天上的鸟儿快乐,在于它快乐地面对了自己的选择。它选择了与外界的生存环境搏斗,就勇于品味这其中艰辛的味道,所以它快乐。笼中小鸟的快乐,在于它选择了丰衣足食,安逸的生活,就敢于果断地放弃自由的权力,所以它也快乐。而你们之所以不快乐,就是选择了笼子外面的自由,却还奢望笼子里面的安逸;选择了笼子里面的安逸,却还惦记着笼子外面的自由。所以说,若想真正得到快乐,就必须要用快乐的心态去面对你们的选择。"

甲乙丙丁,都选择了自己想要的,但是又在不停地追悔自己的选择。而现实是,生活不可能十全十美,你选择一些,就要放下一些。所谓"世事岂能尽如人意"就是这个道理。

英国作家萨克雷在他的小说《名利场》中有一段话:"我觉得一个人如果遭到大家嫌弃,多半是自己不好。这世界是一面镜子,每个人都可以在里面看见自己的影子。你对它皱眉,它还给你一副尖酸的嘴脸;你对着它笑,跟着它乐,它就是个高兴和善的伴侣,所以年轻人必须在这两条道路里面自己选择。"忘却烦恼,选择快乐,快乐的选择,选择的快乐,方能一直快乐下去。如若一味看自己没有的,在别人的阳光中看待自己的生活,是不可能获得快乐的。选择快乐,快乐选择,是一种良好的快乐循环。

人生的快乐与否,就在于我们自己如何看待自己的选择。若你的心是快乐着的,那么你的生活也必然会快乐。既然选择已经做出,就不要后

悔，坚定自己的信念，不要让世俗的尘埃蒙蔽了自己的双眼，也别让功利的枷锁套牢住了我们的心灵，这样一来，你就会发现，原来幸福本就在我们身边，唾手可得。

心灵悄悄话
XIN LING QIAO QIAO HUA >>>

　　快乐源于我们的心态，而不是我们的选择。人生有 n 个不如意，就会有 $n+1$ 个快乐，上帝在赋予我们生命的同时，还慷慨地赐给了我们幸福，只不过他狡猾地在每一个幸福上都包了一层忧愁的外衣。只有以快乐的心态，面对我们自己选择的人，才能拨开这一层外衣。

第二篇 >>>

有舍有得，智慧人生

　　万物循环往复，世事沧桑变幻，人生沉浮不定，均在舍得之中达到和谐统一。舍得舍得，有舍有得，小舍小得，大舍大得，不舍不得。而且做人要迂回，以舍为德，理智舍得，合理取舍，正确阐释舍得之道，取舍之理。于舍得中见智慧，感悟舍得人生。

　　放下，是一种心态的选择。有一句很经典的话：当你紧握双手，里面什么也没有；当你打开双手，世界就在你手中。

　　懂得放弃，才能在有限的生命里活得充实、饱满、旺盛，得之坦然，失之淡然！

人生取舍，有舍有得

在人生的每一个阶段，特别是关键时刻，审慎地运用智慧，做出果断的判断和取舍。有所选择，有所放弃，选择正确方向，放弃那些可能成为累赘的一切。只有这样，才能轻装前进。

"舍得"一词，原是佛家语，本义是讲人生总会有舍有得。舍得之间互为因果，就好像装满水的杯子，只有把水喝掉或者倒掉之后才能再装。这道理人人都懂，可惜并不是人人都能做得到。面对现实中的种种诱惑，又有几人能真正参悟"舍得"二字所蕴含的玄机？"舍"什么，"得"什么，往往只在一念之间，如何取舍只在于我们一时的选择和决定。人生取舍，有舍才有得，其关键在于舍得放弃。

每个人都应学会适时适当地选择，懂得恰到好处地放弃是非常必要的。选择是人生成功路上的航标，只有量力而行的睿智选择，才会拥有更辉煌的成功，放弃是智者面对生活的明智选择，只有懂得何时放弃的人，才会获得幸福和满足。

从古至今，有无数著名人物取得了彪炳史册的丰功伟绩。他们的成功无不得益于对"舍得"二字的把握和体悟。昭君舍弃了锦衣玉食的宫廷生活，踏上了黄沙漫天的西域之路，却得到了天下的一时太平与后世的无限赞美；英台舍弃了世间的一切繁华，化作一只蝴蝶，却得到了海枯石烂和天长地久的爱情；李白舍弃了富贵，却留住了"安能摧眉折腰事权贵，使我不得开心颜"的傲骨；越王勾践在被吴王夫差打败后，舍弃了君王一时的尊严，忍辱苟活，卧薪尝胆，经过 10 年的反思、10 年的历练，他又重新夺回了天下；东晋的陶渊明，毅然放弃了当时世人竞相追逐的功名利禄，回到了山间，过上了"晨兴理荒秽，戴月荷锄归"的隐士生活，才获

得了那种"采菊东篱下,悠然见南山"的悠闲;司马迁舍弃了尊严,没有选择体面地死去,在牢中怀着更为强烈的忧愤之情写成了《史记》,完成了一部任何历史书籍都不能与之相比的恢宏史书;钱学森舍弃了美国优厚的待遇,克服重重阻挡,毅然回国,为新中国的"两弹一星"建立了不可磨灭的功勋,得到了国人的赞颂;德国前总理勃兰特,在访问捷克和波兰时,面对犹太人死难者的纪念碑,他放弃了总理的身份,双膝跪下,虔诚地为纳粹德国的罪行赎罪,最终赢得了世界人民的赞誉。

两个穷樵夫一直靠上山捡柴为生。有一天,他们在山里发现两大包棉花,两人喜出望外——要知道,棉花的价格高过柴薪数倍,将这两包棉花卖掉,足可供家人一个月衣食无忧!于是,两人各自背了一包棉花,便打算赶路回家。

走着走着,其中一名樵夫眼尖,看到山路上有一大捆布,走近细看,竟是上等的细麻布,足足有十多匹。他欣喜之余,便和同伴商量,打算一同放下肩负的棉花,改背麻布回家。

他的同伴却有不同的想法,认为自己背着棉花已走了一大段路,到了这里丢下棉花,岂不枉费自己先前的辛苦?因此,他坚持不愿换麻布。见同伴不听,先前发现麻布的樵夫只得自己竭尽所能地背起麻布,继续前行。

又走了一段路后,背麻布的樵夫望见林中闪闪发光,待走近前一看,地上竟然散落着一大堆黄金。他心想:这下真的发财了,赶忙放下肩头的麻布,并劝同伴放弃棉花,改用挑柴的扁担来挑黄金。

他的同伴仍是那套理由,不愿丢下棉花;并且怀疑那些黄金不是真的,劝他不要白费力气,免得到头来空欢喜一场。

发现黄金的樵夫只好自己挑了一担黄金,和背棉花的伙伴赶路回家。走到山下时,突然下了一场大雨,两人在空旷处被淋了个湿透。更不幸的是,背棉花的樵夫肩上的大包棉花,吸饱了雨水,重得使他无法再挪动半步。背棉花的樵夫不得已,只能丢下一路辛苦舍不得放弃的棉花,空着手和挑着黄金的同伴回家了。

两个穷樵夫的故事告诉我们这样一个道理：在人生的每一个关键时刻，你必须审慎地运用智慧，做出果断的判断和取舍，有所选择，有所放弃，选择正确方向，放弃那些可能成为累赘的一切。这样，才能轻装前进，更好地实现自己的目标。

由此可见，鱼和熊掌往往是不能兼得的。人生取舍也是如此，有舍有得。不舍弃鲜花的绚丽，就得不到果实的香甜；不舍弃黑夜的温馨，就得不到朝阳的明艳。

自然界是这样，人生也是如此。在人生几十年的漫漫旅途中，有山有水，有风有雨，有舍弃"温馨"和"绚丽"的烦恼，也有获得"香甜"和"明艳"的喜悦。人生就是在舍弃和获得的交替中得到升华，从而到达高层次的大境界。

心灵悄悄话
XIN LING QIAO QIAO HUA >>>

有人说：成功的人最懂的就是"舍得"。"舍得"几乎囊括了人生所有的真知妙理，一旦我们真正把握了舍与得的尺度，就等于拿到了人生成功的金钥匙。

舍即是得

生活中,我们总是会拥有很多东西,但同时也会失去一些东西。一个人不可能毫无失去就完全拥有,那不是真正的生活,也没有了生活的意义。有时失去意味着另一种获得,失去让我们发现还有其他美好的事物依然存在。也因此,这样的获得和存在会更让人珍惜。

富有人生沧桑经历的导师告诉我们:得到的时候,不要矫饰;失去的时候,不要言败。人生不仅要经得起成功的洗礼,更要受得住失败的考验。在得失成败之间,要有拿得起、放得下的气魄。

有一个国王与智慧大臣的故事,故事是这样的:

国王喜爱打猎。有一次在追捕猎物时,不幸弄断了一截食指。国王剧痛之余,立刻招来智慧大臣,征询他对意外断指的看法。智慧大臣仍轻松自在地对国王说,这是一件好事,并请国王往积极方面想。

国王闻言大怒,以为智慧大臣在幸灾乐祸,即命侍卫将他关进监狱。

待断指伤口愈合之后,国王又兴冲冲地忙着四处打猎,不料却被丛林中的野人活捉。

依照野人的惯例,必须将活捉的这队人马的首领献祭给他们的神。祭奠仪式刚刚开始,巫师发现国王断了一截食指,而按他们部族的律例,献祭不完整的祭品给天神,是会受天谴的。野人连忙将国王放下祭坛,驱逐其离开,另外抓了一位大臣献祭。

国王狼狈地回到朝中,庆幸大难不死。忽而想起智慧大臣曾说,断指是一件好事,便立刻将他从牢中释出,并当面向他道歉。智慧大臣还是保

持他的积极态度，笑着原谅国王，并说这一切都是好事。

国王不服气地质问："说我断指是好事，如今我能接受；但若说因我误会你，而将你关在牢中受苦，难道这也是好事？"

智慧大臣微笑着回答："臣在牢中，当然是好事。陛下不妨想想，如果臣不在牢中，那么，陪陛下打猎的大臣会是谁呢？"

由此可见，在得与失之间，无须不停地徘徊，更不必苦苦地挣扎，而应该用一颗平常心来看待：如果断了一条腿，你就该感谢上帝没有折断你两条腿；如果断了两条腿，你就该感谢上帝没有扭断你的脖子；如果断了脖子，那你也就没有什么好担忧的了。

塞翁失马的故事，说的也是这个道理。

战国时期有一位住在边境的老人，他养了许多马。一天，马群中忽然有一匹马走失了。邻居们听到这件事，都来安慰他。没想到老人却对前来劝慰他的人笑着说："丢了一匹马没什么，没准还会带来福气。"

邻居们听了老人的话，心里觉得好笑。马丢了，明明是件坏事，他却认为也许是件好事，显然是自我安慰而已。可是没过几天，老人的话却得到了验证。丢失的马不仅自己回来了，还带回了一匹骏马。

邻居们向老人道贺说："还是您老有远见，马不仅没有丢，还带回一匹好马，真是福气呀！"

可是，老人反而没有一点高兴的样子。他忧虑地说："白白得了一匹好马，不一定是什么福气。也许会惹出什么麻烦来。"

邻居们不以为然，以为他故作姿态，明明心里高兴，嘴里却不说出来。

老人有个独生儿子，非常喜欢骑马。他发现被自家的马带回来的那匹马顾盼生姿，身长蹄大，嘶鸣嘹亮，很是喜欢，于是便每天都骑着出游，得意扬扬。

一天，他高兴得有些过火，打马飞奔，一个趔趄从马背上跌了下来，把腿摔断了。邻居们听说后，纷纷登门慰问。老人却说："没什么，腿摔断了却保住了性命，或许是福气呢。"众人觉得他又在胡言乱语，摔断了腿

怎么算得上是福气呢?

可不久,老人的话又一次得到了验证。匈奴兵大举入侵,年轻人都被强征入伍,唯独老人的儿子因为断了腿,逃过了当兵的命运。后来,入伍的青年大都战死在沙场,老人的儿子因未入伍而保住了性命,和家人开心地生活在一起。

"塞翁失马,焉知非福",这就是上述故事告诉人们的一个哲理。

"祸兮福所倚,福兮祸所伏。"数千年前古代的哲人就深刻地揭示了得与失、福与祸之间的辩证关系。任何事物都具有两面性,得与失,福与祸,可以互为因果,相互转化。

生活中,我们总是会拥有很多东西,但同时也会失去一些东西。一个人不可能毫无失去就能完全拥有,那不是真正的生活,也没有了生活的意义。有时失去意味着另一种获得,让我们发现还有其他美好的事物依然存在。因此,这样的获得和存在会更让人珍惜。

人生在世,时时会有得有失。得与失从来都是相伴而生的。正如一位哲人所言:得到了名利,就失去了普通人的自由;得到了财富,就失去了淡泊的欢怡;得到了事业的成功,就失去了生活的乐趣。同样,失去了利益,还有亲情的拥抱;失去了成功,还有再来的机会;失去了权力,还有人性的淳朴。

心灵悄悄话
XIN LING QIAO QIAO HUA >>>

拥有时,并不代表如意;失去后,也并不表示结束。有得必有失,有失必有得,人生就是这样一个得失相伴循环往复的过程。

以舍为得，大舍大得

要想得之，必先舍之。可是，世人常常只想得之，不想舍之。想得，不想舍，贪得无厌，最后的结果是失去更多。舍是得的前提，敢大舍的人才能大得。

"舍"与"得"之间关系紧密，即"舍"是因，"得"是果。舍不得"舍"，就不可能有所"得"；要想有所"得"，就得付出，得奉献，得舍得"舍"。不付出、不奉献、不愿意"舍"，而企求"得"，那是投机取巧，是不劳而获。而任何方式的投机取巧和不劳而获，最终是要受到道德、良心甚至法律的惩罚的。

"舍"，要能以慈、以利，亦既要能给人善，又要能给人利益。

《四十二章经》说："仰天吐唾，唾不至天，还堕己面；逆风扬尘，尘不至彼，还坌己身。"施舍亦如送礼给人，如果我们所送的礼物不恰当，对方不肯接受，那就只有自己收回，所以我们应该知道"己所不欲，勿施于人"的道理。

舍得舍得，以舍为得。走路时，不"舍"去后面的一步，便无法跨出向前的一步；作文时，不"舍"去冗长的赘语，便无法成为精简的短文；庭院里的花草树木，如果你"舍"不得剪去枯枝败叶，它就无法长出嫩绿的新芽；出家僧侣不能割爱"舍"亲，便不能云游四海、弘法利生；古圣先贤如果不能"舍"己为人，便不能名垂千古、留芳青史呢。

舍，在佛教里就是布施的意思。布施，就如播种，种一收十、种十收百、种百可以结果千千万万。

有一个人外出办事，跋山涉水，好不辛苦。有一次，他经过险峻的悬

崖,一不小心,竟然掉到深谷里去。眼看生命危在旦夕,这个人双手在空中乱抓,刚好抓住崖壁上枯树的老枝,总算保住了生命,但是人却悬在半空中,上下不得。正在进退维谷、不知如何是好的时候,忽然看到慈悲的佛陀站立在悬崖上,他如同见到救星一般,立刻请求佛陀说:"佛陀,求您发发慈悲,救救我吧!"

佛陀慈祥地说:"我救你可以,但是你要听我的话,我才有办法救你上来。"那个人忙说:"佛陀,到了这种地步,我怎么敢不听您的话呢?随便您说什么,我全都听您的。"这时佛陀说:"好吧!既然这样,请你把抓住树枝的手放下!"那人一听,心想,把手一放,势必掉到万丈深渊,跌得粉身碎骨,哪里还能保得住性命?因此更加抓紧树枝不放,佛陀看到他执迷不悟,只好离他而去。

人在一生中最舍不得的就是这个"我",这是最大的障碍。谁要是敢舍,就像这个人松开抓住树枝的手,舍掉自我,那么他就真的能大得。这就是大舍才能大得,敢死才能活,敢大死才能大活的道理。因为在你松手、舍弃自我的一瞬间,在你做到了一般人都不敢大舍的举动之后,你就会悟到生命的本质,悟到幻相与真相,从而获得心灵大自由、精神大解放、生活大机遇。

"得"建立在"舍"的基础之上,但"得"的获取还与多种因素有关。有"舍"并不一定有"得",而不"舍"则一定不会有"得"。

过去,有一个人家里老鼠成灾,主人就找了一只猫回来捕鼠。这只猫很会捕鼠,但是也咬鸡。一段时间后,主人家的老鼠没有了,同时鸡也差点儿被咬死了。于是,儿子对父亲说:"我们为什么还要留着一只专爱咬鸡的猫在家呢?"父亲告诉儿子说:"这里面有这样一个道理,老鼠不但偷吃我们的粮食,而且还咬坏我们的衣服,如此横行下去,我们就会挨饿受冻;没有了鸡,我们只是暂时吃不上鸡罢了,但是比较一下,这和挨饿受冻又差着一大截,我们为什么要赶走猫呢?"

要想过上不挨饿受冻的日子，就必须养猫舍鸡，付出代价才能有收获。这就是要想得之，必先舍之。可是，世人常常只想得之，不想舍之。只想得，不想舍，贪得无厌，最后的结果是失去更多。舍是得的前提，敢大舍的人才能大得。以舍为得，妙用无穷。

心灵悄悄话
XIN LING QIAO QIAO HUA >>>

我们要学习"舍"的牲格，能将金钱物质、知识技能舍给别人，你必然会得到同样的回报。舍给别人好的，会得到好的；舍去坏的，就会得到坏的。

做人要迂回，在进退间获益

任何事情都不是一蹴而就的，做人也一样，千万不能一条路跑到黑。执着坚持于做某件事固然是好，但过分的执着和坚持便是一种偏执。当某件事情遭遇瓶颈时，成熟理智的人往往善于审时度势。选择迂回的策略，最终方能成事。

在一个贫困的小山村，每当一群孩子放学时，就会帮助家里去山上拾柴。由于有枯枝的林子离住的村子较远，村民们就修了简易的公路通向山腰。于是，常常是四五个孩子一起拖着一辆板车，这样不仅柴装得多，而且也省去了肩扛的辛劳。

可不巧的是山腰处有一段上坡路，坡长且陡，这成了孩子们回家的一道坎。每次推板车回家过坡时，孩子们都累得满头大汗。于是大家商量着："要是没有这个急坡就好了。"可是在山上修路，没有坡，是件不可能的事。

一天，有个孩子提议："坡这么陡，我们要是能绕着走，不就等于降低了坡度吗？一定会省下不少力气的！"

于是，孩子们改变了推板车的方向，不再一个劲儿地推拉板车，而是将板车从路的左边推到路的右边，再从路的右边推到路的左边，如此反复，采取了迂回的上坡方式。虽然这样做拉长了板车上坡的距离，却在很大程度上降低了板车前进的坡度，着实让孩子们轻松了不少。

人生正如推板车，遇到陡坡时，我们不妨采取迂回的方式上坡，不要一味地想着怎样快速前进。这样一来，不管多长多陡的坡我们都能上得

去。路途最短，不一定所需要的时间就能最短，只有灵活巧妙地安排前进的方式，才能更有效率地取得成功。

人与水都有一个最大的共同点，就是极大的可塑性。水性柔而灵活，在海洋中是海之形，在水缸之中，便是缸之形，在杯盘中是杯盘之形。做人也同样，因为所处的环境不同，遇到的问题也就不同，这便要求我们凡事要懂得灵活变通，在进退维谷之间获取利益。在瞬息万变的现代社会里，如果你不能及时改变策略，不知如何有选择地进退，便很难生存发展。

迂回并不是胆怯弱小。相反，进退自如才是真正的智者。古人用"能屈能伸"来形容大丈夫，可见大丈夫行事也是懂得迂回的。迂回的最终目的就是调整自己，以更有效的方式，来达到成事的目的。只有懂得这个道理为人处世，才能在人生之路上顺风顺水、左右逢源。

汉代一个叫公孙弘的人，年轻时家境十分贫穷。后来通过自己不懈的努力，当上了丞相，但其生活却依然秉承从前，十分俭朴，吃饭很少有荤菜，睡觉时也只盖着最普通的棉被。

一天，大臣汲黯向汉武帝参了他一本，批评公孙弘位高权重，俸禄客观、衣着饭食却甚是简陋，实质上只是为沽名钓誉，骗取俭朴清廉的美名。

于是，汉武帝问公孙弘："汲黯所说的可是事实？"

公孙弘回答道："汲黯说的一点都没错。满朝大臣中，我与他交情最好，他也最了解我。今天他当着众人的面揭露了我，正是切中了我的要害。我位列丞相却只盖棉被，衣食住行都和普通百姓一样，确实是想要赢得好的名望。如果不是汲黯忠心耿耿、尽职尽忠，陛下又怎么会听到对我的揭露呢？"

汉武帝听了公孙弘的这一番话，大为感叹，觉得他心怀坦荡、不愿辩解，不可能有沽名钓誉之嫌。他对指责自己的人都能大加赞赏，可见这个人确实有大度量、大智慧。汉武帝十分欣赏公孙弘的退让、不争不辩的智慧，不但没有治他的罪，反而更加尊重、赏识他了。

迂回、退让实际上是一种豁达的品性，一种内敛的态度，一种通透的

人生观,更是对人生的大彻大悟。能进能退,身居低处,方能引百川入海;眼光放宽,心志高远,方能万事不愁。

在某个特定的时刻,你只有敢于舍弃,才有机会获得更长远的利益。即使遭受难以避免的挫折,你也要选择最佳的失败方式。

生活在五彩缤纷、充满诱惑的世界上,每一个心智正常的人都会有理想、憧憬和追求。然而,过分的急功近利则是一种不健康的心态。历史和现实生活都告诉我们:必须学会放弃!有些时候,你若敢于放弃,也许就会重新得到更多。

有时候,如果我们只抓住自己的东西不放,就很难接受别人的东西。特别是现代社会,人变得越来越贪,有些人什么都不愿放弃,结果却什么也得不到。

对于高人来说,放弃不是失败,是智慧。

学会放弃,是放弃那种不切实际的幻想和难以实现的目标,而不是放弃为之奋斗的过程和努力;是放弃那种毫无意义的拼争和没有价值的索取,而不是丧失奋斗的动力和生命的活力;是放弃那种金钱、地位的搏杀和奢侈生活的追求,而不是失去对美好生活的向往和追求。拉特尔的放弃就证明了这点。

德国柏林爱乐乐团素有"世界第一交响乐团"之美誉,它的历届首席指挥如F.维尔纳、J.利比切克、A.尼基什、W.富特文格勒和H.卡拉扬等人,都曾经被时人称赞为"世界第一指挥"。因而,能够成为柏林爱乐乐团的首席指挥,成为每个指挥家的最高梦想。

然而,在1999年,当柏林爱乐乐团的乐师们投票推选英国著名指挥家西蒙·拉特尔担任首席指挥时,拉特尔却出人意料地拒绝了。

对于拉特尔的放弃,许多人感到不可思议。拉特尔解释道:"柏林爱乐乐团以演奏古典音乐闻名于世,但是我对古典音乐的理解还不够透彻。如果我担任首席指挥,恐怕非但不能带领柏林爱乐乐团迈上一个新台阶,反而会起到负面作用。机会虽然好,但是我没有能力把握,所以还是放弃

为好。"

不过，这绝不意味着拉特尔不想担任柏林爱乐乐团的首席指挥——他和所有的指挥家一样，对柏林爱乐乐团首席指挥一职梦寐以求。为此，拉特尔不懈努力，直到他对古典音乐的透彻理解再一次震撼了世人，直到他对古典音乐的精湛指挥一次又一次地令听众为之倾倒。2009 年柏林爱乐乐团再次向他抛出了橄榄枝，这一次，拉特尔没有丝毫犹豫，当即接受了邀请，因为他知道，现在的他已经具备了担任首席指挥的实力。事实证明，拉特尔加盟后，柏林爱乐乐团创造了演奏史上一个又一个奇迹。

拉特尔的放弃，恰到好处地为我们诠释了"敢于舍弃，海阔天空"的哲理。所以，在面临取舍时，无论任何你希望得到、需要得到的东西，只要客观条件不成熟、主观上没有把握，那么就必须暂时放弃。然后通过务实的途径去追求事物的本质，最终成就自己真实的高度。

人生难免有得有失，有时放弃是为了大踏步地前进，是真正的勇气，也是真正的智慧。

心灵悄悄话
XIN LING QIAO QIAO HUA >>>

"舍"也是一个种智慧，舍得有道，就会柳暗花明，再展宏图。班超投笔从戎、鲁迅弃医学文，都是"改换门庭"后大放异彩的楷模。可见，如果能审时度势、扬长避短、把握时机，就不妨勇敢地放弃。放弃既是一种理性的表现，也不失为一种豁达之举。

学会舍弃,才有所得

电影《卧虎藏龙》里有一句经典的话:"当你紧握双手,里面什么也没有,当你打开双手,世界就在你手中。"说明了舍得的意义。我们生命的过程,其实就是一个舍与得、扬与弃的过程。学会舍弃,让自己轻装上阵,你将有能力站得更高,看到更美的风景。如同雕刻师雕刻一块石材,这个雕琢过程表面上看似乎是在耗损和割离,而实际上,随着每一点石雕的削落,都是一件绝美作品诞生的前奏。

"舍弃"的道理听起来虽然简单,但生活中能做到的人却寥寥无几。不信的话,我们一起来看一道测试题:在一个暴风雨的夜里,你驾车经过一个车站。车站上有三个人正在等待大巴的到来,其中一个是病得奄奄一息的老妇人,一个是曾经救过你的医生,一个是你长久以来喜欢的梦中情人。你的车只能带走一个人,你会选择哪一个?

你会如何选择呢?相信很多看过这个测试人只会在三者中选择一个。可是,这道测试最理想的答案却是:把车钥匙交给医生,让医生带老妇人去医院,然后自己和梦中情人一起等待巴士的到来。为什么我们离答案这么远?是因为生活中的我们从来不想放弃任何好处,就像不愿放弃自己手里的那把车钥匙一样。

在当今社会,几乎每个人的身上、心中存在着负累:我们放不下心中认定的"自我",去开始一个新的探索;我们放不下已经取得的一点成绩,以至于无法"归零"后再起程;我们放不下生命中已经存在的枝枝丫丫,明知道它们在无情地消耗我们的能量……正因如此,我们进退不得、步履维艰,甚至原地踏步,逐渐陷入了进退两难的尴尬境地。

有一个聪明的年轻人，他的心气非常高，想在一切方面都比他身边的人强，他也为此在努力着。可是，许多年过去了，他的学业却始终没有长进。他很苦恼，就去向一位大师求教。

大师告诉年轻人："我们去登山吧，到了山顶，你自然就会知道怎么做了。"

那山上有许多晶莹的小石头，这深深吸引着年轻人。大师告诉年轻人，如果你喜欢这些石头，可以装在你自己的袋子里带走。年轻人听了很高兴，于是照着大师的话去做，可是很快，这个年轻的小伙子就有些吃不消了，他对大师说："不行了，我不能再背了。再背，别说到山顶了，就是半山腰我都上不去！"大师听后，微微一笑，问："那你该怎么办呢？"小伙子想了想，说："为了到达山顶，我必须放下这些石头。"大师点了点头，说："是的，这就是解除疑惑的答案！"

年轻人听后一愣，但忽然感觉心中一亮，他向大师道了谢，之后就走了。在接下来的时间里，这位年轻人放弃了心中的杂念，不再想着超越别人。而是一心做自己的学问，他的进步非常快，最后终于实现了自己的理想，成了一名大学问家。他也终于明白了，学，只是个过程，并不是要学出个什么结果来，而他之前之所以没成功就是因为被这个虚名、这个"结果"的包袱压得太累了。

鸣蝉奋力地挣脱掉自己的外壳，才获得了展翅高飞和自由歌唱的机会；壁虎勇敢地挣断了尾巴，才在绝境中获得了重生的希望；算盘若填满自己所有的珠位，也就失去了自己存在的价值。现实亦是如此，有舍才有得。生活就是在舍和得之中做取舍，关键是什么该舍弃什么该拿起，不该舍弃的绝对不要舍，不该拿起的也绝对不要拿起，这就是做人的原则。无论你选择什么，你注定会失去一些东西，也注定会在失去的同时获得一些东西。

第二次世界大战过后，法国的军队从莫斯科撤走了，有一个商人和一个农民在街上寻找遗留下来的财物。走到牧场附近，他们发现了一堆没

有被烧焦的羊毛,于是,两个人就各自分了一半捆在自己的背上。回去的路上,他们又发现了一些布匹。农夫便将身上沉重的羊毛丢弃了。扛了更多的布匹准备回去卖钱,而贪婪的商人却捡起了农夫丢掉的羊毛以及剩下的所有布匹,统统扛起来想要拿回家。沉重的包袱,让他气喘吁吁,前行缓慢。

走了不远,他们又发现了一些金器。这回农夫又丢掉了布匹,捡起了更多的金器,而商人却因为沉重的羊毛和布匹使得他弯不下腰,也腾不出手而作罢。这时,忽然降了一场大雨,羊毛和布匹都被淋湿了,商人实在支撑不住,狼狈地摔倒在泥泞当中,而农夫却一身轻松地回到了家,变卖了所有的金器,过上了富足的生活。

其实有时得到什么,失去什么,我们内心里都很清楚,只是觉得每一样东西都有各自的好处,于是都舍不得放手。可是,我们必须要知道,人的一生"鱼和熊掌不可兼得",谁能享有世界的全部呢?既然不能,就应选择自己最需要的那部分,舍弃有碍于自己前进的种种包袱,只有这样,我们才能顺利抵达彼岸,而不是在中途搁浅或沉没。

取是一种能力,舍是一种勇气,没有本事的人取不来,没有胸襟的人舍不得。如果你能领悟"舍弃"的道理,你将会有一种如释重负的感觉,因为只有懂得舍弃,才能掌握当下。舍弃你的回忆,将昨天埋在心底;舍弃曾经的感情,让彼此都能有个更轻松的开始;舍弃你的野心,让生活变得更加从容;舍弃你的欲望,试着看淡金钱与名利;舍弃你的仇恨,用爱来融化生活中的坚冰……之后,你会发现,生活原来是如此幸福。

心灵悄悄话
XIN LING QIAO QIAO HUA >>>

该舍得就舍,该得的就得,得失选择,是人生的艺术;该舍不舍,负担过重,不能轻松前进,或者会因小失大;如果该得不得,错过良好机缘,是人生的一大遗憾。

该舍的，一定要舍

舍，为的就是"得"。劳动，需要舍得力气；学习，需要舍得精力；做生意，需要舍得投资；而舍得安逸，为的是一生的辉煌。因此，该舍的，一定要舍。

舍和得，就如因和果，是相关又互动的。世间万物，凡有所舍，必有所得。生活在这个世界的我们，姑且不谈玄机妙理，"舍得"又何尝不是人生的真谛呢？

飞速行驶的列车上，一位老人不小心将刚买的新鞋从窗口掉下去一只，周围的旅客无不为之惋惜，不料老人毅然把剩下的一只也扔了下去。众人大惑不解，老人却从容一笑："鞋无论多么昂贵，剩下一只对我来说就没有什么意义了。把它扔下去，就可能让拾到的人得到一双新鞋，说不定他还能穿呢。"

老人在丢了一只鞋后，毅然扔掉另一只鞋，这便是成熟而理智的表现。一般来说，人们总是飘飘然于拥有的喜悦，而戚戚然于失去的悲伤。老人却以从容的达观之态，超越于世人之上。

的确，与其抱残守缺，不如舍去，或许这会给别人带来幸福，同时也使自己心情舒畅。老人这种舍得的做法令人顿生敬意，也值得我们深思。

传说有一天，阎罗王正分派小鬼们投胎的去处。阎罗王抚尺一拍："张三你到东村投胎做人"，"李四你到西村做人"……只听到堂中的抚尺声此起彼落，阎罗王依序分派。等在一旁的猴子忍不住开口抗议："阎罗

王,无论张三还是李四,你都让他们到人间投胎,请你发发慈悲,也让我这只猴子尝尝做人的滋味吧。"

阎罗王说:"猴子啊,人的身上没有长长的毛,你全身上下毛茸茸的,怎么到人间做人呢?"猴子说:"我把身上的毛拔光,不就可以到人间去做人了吗?"阎罗王拗不过猴子的再三要求,答应帮猴子拔毛。阎罗王伸手拔了一根毛,猴子痛得吱吱叫,一溜烟逃之夭夭。阎罗王叹了口气说:"连一毛也舍不得拔,怎么有资格做人呢?"

我们能在人间为人,必定是前世做过许多善事。如果今生吝啬,一毛不拔,不肯与人分享钱财和成果,不肯与人为善,怎么有资格做人呢?

"舍得"并非是盲目的,"舍"是有目的地舍去,"得"是有选择地得到。其实,凡事有得必有失,有舍必有得。弘一法师说:无论做什么事情,都不要想着占便宜。便宜,天下人都争相拥有。如果我一个人占有便宜,则他人皆与我结怨;我不占便宜,则别人对我的怨气便消除了。轻利足于聚众,忍受小气,才不会招来大气;吃小亏,才不会引来大亏。舍得,并不是纯粹为了舍弃而舍弃,有时往往为了得到而有必要地放弃。

有位居士向禅师诉苦:"我的妻子非常吝啬,不但对慈善事业毫不关心,甚至身边亲戚朋友遇到困难也不肯接济。请禅师到我家开导开导她。"禅师就跟随这位居士来到他家中。果然,居士的妻子十分小气,仅仅给禅师倒了一杯白开水,连一点茶叶也舍不得放。禅师并不计较,但是,不知为什么,禅师两个拳头夹着杯子喝水。居士的妻子扑哧一声笑了。禅师问她笑什么,她说:"师父,你的手是不是有毛病?怎么总是攥着拳头?"禅师问:"攥着拳头不好吗?我若是天天这样呢?""那就有毛病了,天长日久,就成了畸形。""哦——"禅师像是恍然大悟,伸开手,却又总是跷着五根指头,干什么也不肯合拢。居士的妻子又被他的滑稽模样逗乐了,笑着说:"师父,你的手总是这样,还是畸形啊!"禅师点点头,认真地说:"总是攥着拳头或总是摊开巴掌,都是畸形。这就如同我们的钱

财，若是只知死死地攥在手里总也不肯松开，天长日久，人的思想就成了畸形；若是大撒手，只知花用，不知储蓄，也是畸形。钱，是流通的，只有流转起来，才能实现它的价值。"

居士的妻子脸红了，因为她明白了，禅师所做的一切，都是变相在说服她不要吝啬。

那位居士的妻子不懂得舍得之道，舍得才有收获，投入才有回报，更不懂小舍换来大得，小爱心换来大幸福的道理。该得的要得，该舍的也一定要舍。

心灵悄悄话
XIN LING QIAO QIAO HUA >>>

人生在世，想得到的东西实在太多了，这是人的本性，但是，欲壑难填，欲望常常使人只得不舍，或者对"舍"得把握不定，把握不住什么是该舍的。不懂舍与得之间的关系，该舍的不舍，因此该得的也得不到。

舍要理智,得靠智慧

得失不会顾及我们的感觉,它需要与理性为伍,即舍要理智,得靠智慧。善于从眼前与长远、局部与全局、个人与集体以及真与假、美与丑、善与恶、利与弊等多层面、多角度去权衡判断。因为只有这样,你才会获得更多。

在生活中,有时我们把握不住得失,是因为有的得失过于深刻,我们缺乏远见卓识;有的得失似是而非、亦真亦假,我们少了一些辨析与思考;有的得失虽然一目了然,我们却又因一时的冲动而做出了错误的选择。

法国哲学家布利丹养了一头小毛驴,他每天都向附近的农民买一堆草料来喂它。

这天,送草的农民出于对哲学家的景仰,额外多送了一堆草料放在旁边。这下,毛驴站在两堆干草之间可是为难坏了。它左看看、右瞅瞅,始终也无法分清究竟选择哪一堆好。于是,这头可怜的毛驴就这样站在原地,犹犹豫豫,来来回回,在无所适从中活活地饿死了。

“布利丹毛驴”站在两捆草料之间却被活活饿死,的确可悲!悲就悲在它始终犹豫不决,没有当机立断做出自己的选择,而且做出这种选择不过是一件轻而易举的事情。人也是这样,应该做出选择的时候,必须果断做出自己的选择。尤其是在竞争日趋激烈、机遇稍纵即逝的新世纪,犹豫不决势必错失良机,妨碍事业的发展。因此可以说,会不会选择,从小处说,是得失取舍之间的事情;从大处看,直接关乎事业的成功抑或失败。

需要明确的是，选择务必慎重其事。

学会取舍，并不是个非常难以把握的问题，也未必需要多么渊博的学问，关键是一事当前，脑子里应该有根"弦"，善于从眼前与长远、局部与全局、个人与集体以及真与假、美与丑、善与恶、利与弊等多层面、多角度去权衡判断。田忌赛马就是这样，靠智慧取得了胜利。

公元前4世纪的中国，处在诸侯割据的状态，历史上称为"战国时期"。在魏国做官的孙膑，因为受到庞涓的迫害，被齐国使臣救出后，到达齐国国都。

齐国使臣将他引荐给齐国的大将军田忌，田忌向孙膑请教兵法。孙膑讲了三天三夜，田忌特别佩服，将孙膑待为贵宾，孙膑对田忌也很感激，经常为他献计献策。

赛马是当时最受齐国贵族欢迎的娱乐项目，上至国王，下到大臣，常常以赛马取乐，并以重金赌输赢。田忌多次与国王及其他大臣赌输赢，屡赌屡输。一天他赛马又输了，回家后闷闷不乐。孙膑安慰他说："下次有机会带我到马场看看，也许我能帮你。"

当又一次赛马时，孙膑随田忌来到赛马场，满朝文武官员和城里的平民也都来看热闹。孙膑了解到，大家的马按奔跑的速度分为上中下三等，等次不同装饰不同，各家的马依等次比赛，比赛为三赛两胜制。

孙膑仔细观察后发现，田忌的马和其他人的马相差并不远，只是策略运用不当以致失败。孙膑告诉田忌："大将军，请放心，我有办法让你获胜。"田忌听后非常高兴，随即以千金作赌注约请国王与他赛马。国王在赛马中从没输过，所以欣然答应了田忌的挑战。

比赛前田忌按照孙膑的主意，用上等马鞍将下等马装饰起来，冒充上等马，与齐王的上等马比赛。比赛开始，只见齐王的好马飞快地冲在前面，而田忌的马远远落在后面，国王得意地开怀大笑。第二场比赛，还是按照孙膑的安排，田忌用自己的上等马与国王的中等马比赛，在一片喝彩中，只见田忌的马竟然冲到齐王的马前面，赢了第二场。关键的第三场，田忌的中等马和国王的下等马比赛，田忌的马又一次冲到国王的马前面，

结果二比一，田忌赢了国王。

从未输过比赛的国王目瞪口呆，他不知道田忌从哪里得到了这么好的赛马。这时田忌告诉齐王，他的胜利并不是因为找到了更好的马，而是用了计策。随后，他将孙膑的计策讲了出来，齐王恍然大悟，立刻把孙膑召入王宫。孙膑告诉齐王，在双方条件相当时，对策得当可以战胜对方；在双方条件相差很远时，对策得当也可将损失减到最低限度。后来，国王任命孙膑为军师，指挥全国的军队。从此，孙膑协助田忌，改善齐军的作战方法，齐军在与别国军队的战斗中因此屡屡取胜。

田忌以前赛马的办法总是一味硬拼，希望一局也不要输，结果因自己总体实力差那么一点，总是赛输。孙膑则巧妙地运用自己的计策，先让掉一局，然后保存实力去确保后两局的胜利，这样便保证了整个赛马的胜利。

眼前的利益容易让人动心。人之所以目光短浅，并不见得都是"视力"太差，而是因为我们太现实了：眼前的"得"，我们不能放弃；眼前的失，我们又不能忍受。其实，我们面对种种得失绝大多数不需要用远见卓识来判别，有的明知是不可为的，只是因为我们对眼前的诱惑或失落过于冲动，才不计后果。

心灵悄悄话
XIN LING QIAO QIAO HUA >>>

得失不会顾及我们的感觉，它需要与理性为伍，少一些冲动与侥幸，是能够冷静对待眼前的得失的。即舍得理智，舍得智慧。

第三篇 >>>

社交有术,舍得之间

晴天留人情,雨天好借伞,将欲取之,必先与之。人生一世,就是在"得""失"之间度过和完成。一时的舍弃与牺牲,不但是一种胸怀、一种品质、一种风度,而且得之将来,舍近求远,舍小求大,舍少求多。因此在社交中,多一份真诚的感情,多一点信任的目光,脚踏一方不怕吃亏的净土,可以浇灌出人生美丽的花朵,筑起人生坚不可摧的铜墙铁壁,这就是我们于舍得之间谈社交。

唯有放下,才能腾出手来,抓住真正属于你的快乐和幸福!学会放下,才会活出你的精彩人生!

晴天留人情，雨天好借伞

在别人遇到困难时主动帮助也就是去经常留人情。帮时不计回报，日积月累，留下来的都是好人缘。平时多留情，有备无患，这是赢得好人缘的第一个原则。

俗话说："种瓜得瓜，种豆得豆。"那么种下感情就会收获密切的关系。中国是礼仪之邦，历来讲究人情，讲究礼尚往来。因此，平时多留人情，施恩于人，真情待人，到下雨的时候才会有人伸出援助之手借给你伞。

三国争霸之前，周瑜并不得意。他曾在军阀袁术部下为官，被袁术任命当过一个小小的居巢长，一个小县的县令罢了。

这时候地方上发生了饥荒，年成既坏，兵乱间又损失不少，粮食问题日渐严峻起来。居巢的百姓没有粮食吃，就吃树皮、草根，活活饿死了不少人，军队也饿得失去了战斗力。周瑜作为父母官，看到这种悲惨情形急得心慌意乱，不知如何是好。

有人献计，说附近有位乐善好施的财主鲁肃，他家素来富裕，想必囤积了不少粮食，不如去问他借。

周瑜带上人马登门拜访鲁肃，刚刚寒暄完，周瑜就直接说："不瞒老兄，小弟此次造访，是想借点粮食。"

鲁肃一看周瑜精神俊朗，显而易见是个才子，日后必成大器，他根本不在乎周瑜现在只是个小小的居巢长，哈哈大笑说："此乃区区小事，我答应就是。"

鲁肃亲自带周瑜去查看粮仓，这时鲁家就有两仓粮食，鲁肃痛快地说："也别提什么借不借的，我把其中一个仓的粮食送与你好了。"周瑜及

其手下一听他如此慷慨大方，都愣住了。要知道，在饥荒之年，粮食就是生命啊！周瑜被鲁肃的言行深深感动了，两人当下就交上了朋友。

后来周瑜发达了，当上了将军，他牢记鲁肃的恩德，将他推荐给孙权。鲁肃终于得到了干事业的机会。

雪中送炭，口渴喂水是施恩的一大特征。毕竟我们内心都有一些需求，有紧迫的，有不重要的，而我们在急需的时候遇到别人的帮助，则必然心生感激，甚至终生不忘。濒临饿死时送对方一只萝卜和富贵时送对方一座金山，就对方的内心感受来说，是完全不一样的。

罗斯是个单身女子，住在华盛顿的一个闹市区。有一次，罗斯搬一只大箱子回家，因为电梯坏了，她只得自己扛着箱子上十二层楼。彼得是一个平时没事就在大街上闲逛、偶尔还闯点祸的人，这次他看到罗斯累得汗流满面，于是想上去帮助罗斯。罗斯并不相信彼得，以为他图谋不轨。彼得十分困惑，他花费了许多唇舌，想说明他的善良用心，却无济于事。罗斯拒绝了彼得，她将箱子从一层搬到二层后，就再也没有力气了，需不需要彼得的援手呢？罗斯感到矛盾极了。最终，还是在彼得的帮助下才把箱子搬上了十二层。为了表示自己的真诚，彼得只将箱子搬到罗斯的家门口，坚持不进去。后来，罗斯和彼得交上了朋友，一年后，双双踏上了红地毯。

试想，假如彼得对罗斯的困难视而不见的话，又怎么会获得难得的爱情呢？

有人说："帮助人是一种缘分。"这句话中蕴涵着更深一层的理解：人际间的缘分都是共有的，即没有你我之分，又你中有我，我中有你。我帮了你，你帮了他，他又帮了我。当有人需要你帮一把时，你能搭把手帮一把就是一种回报，就是一种社会共有的缘分。帮人就是行善积德。也许没有比帮助这一善举更能体现一个人宽广的胸怀和慷慨的气度的了。不要小看对一个失意的人说一句暖心的话，对一个将要跌倒的人轻轻扶一

把，对一个无望的人赋予一个真挚的信任。也许自己什么都没失去，而对一个需要帮助的人来说，也许就是醒悟，就是支持，就是宽慰。

在别人遇到困难时主动帮助也就是去经常留人情。帮时不计回报，日积月累，留下来的都是好人缘。平时多留情，有备无患，这是赢得好人缘的第一个原则。

心灵悄悄话
XIN LING QIAO QIAO HUA >>>

做人要有长远的目光，要在自己有能力、自己富足时多帮助他人，尤其是对于处在困境但又有发展前途的朋友，多留些人情，这样在自己遇到苦难之"雨"时就能轻易地借到"伞"而渡过难关了。

帮助别人就是帮助自己

在生活中，只要我们有一点点的能力就要主动地去帮助别人。这正所谓"赠人玫瑰，手有余香"。在前进的道路上，搬开别人脚下的绊脚石，有时恰恰就是为自己铺路。帮助别人，有时就是帮助我们自己。

每一个事业有成的人，在成功的道路上，都曾经得到过别人的帮助。因此，我们应该帮助别人作为回报，这是公平的规则。

当你给予别人方便或帮助的同时，我们自己也获得了对方所给予的方便，帮助别人就是帮助自己，帮助这就是一条亘古不变的人际交往的基本法则。

主动帮助别人，别人就会变成朋友。主动帮助朋友，朋友就会更喜欢你。因为每一个人交朋友的时候都渴望从朋友那里得来温暖和帮助。假如你能够在别人开口之前主动帮忙，那么你的朋友一定会更加喜欢你。

诚然，一个人的精力有限。现代社会的生活节奏非常之快，我们每个人处理自己的事情都有可能焦头烂额。

琼斯是一位房地产推销员，她的工作十分出色，引人注目。很多顾客在接受了她推销的房子之后，仍然与她保持着良好的关系，而她也非常愿意帮助顾客解决各种问题。

简而言之，琼斯是以想顾客所想的优质服务征服了对方。即使买房以后，顾客仍能感受到她贴心服务的魅力。她会经常打电话给顾客问寒问暖，偶尔还会接受顾客的要求去做客。然而在顾客的家里，琼斯不是纯粹的礼仪性拜访，而是仔细询问和察看房子的使用状况。虽然不懂房子的供水系统，但她能够注意了解供水是否正常。如果出现了水流不稳定，

她会主动帮助顾客到物业部门去解决这个问题。

琼斯做工作仔细，她知道当地某学校某年级学生教师的比例，甚至叫得出老师的名字。她能说出郊区火车月票的价格——精确到美分。她还能告诉顾客快车上只有20分钟开空调的时间等等。每当新住户搬进新居前，她会准备一份礼物，并在到来的第一天与他们共享一顿美餐。她知道刚搬家做饭还不方便，第一天晚上她会邀请他们到自己家共进晚餐。她还安排新来者加入当地的俱乐部。她了解住户的宗教信仰，与当地教堂联系："这里有新教友，见见面怎么样？"这些听起来不可思议，但琼斯做到了这些，她从各方面尽力帮助新住户迅速融入社区生活。

作为一名推销员，虽不能帮助顾客修马桶，也不懂该如何做好装修，但是她仍然能够凭借自己的细心和热情来赢得顾客的青睐。有一次，她售房给一位顾客，那位先生十分满意，还向她推荐了10位潜在顾客，其中一位顾客又向她推荐了几个人。琼斯的业绩就是这么来的，而且她还很享受与这些顾客朋友的友谊。

也许有人会怀疑，这样的方式自己需要付出很多，是不是值得呢？其实，"人心都是肉长的"，你所做的一切，别人都是看在眼里、记在心上的，回报是迟早的事。而且，只要你真正把握住了对方的想法，有时候你只需在对方最要紧的地方添上画龙点睛的轻轻一笔，就能起到事半功倍的效果。相反，倘若总是斤斤计较于自己是否吃亏，而不愿意花力气和精力来为别人着想，是永远也无法赢得别人的信任的。

在人生的漫漫长河中，谁都避免不了会遇到这样或那样的困难，我们今天所见到的某人的遭遇，极有可能是日后自己某个遭遇的一次提前彩排。在朋友最需要你帮助的时候，你绝不要找借口。因为你帮助了朋友，在你日后有困难的时候，朋友也同样会帮助你。因此你拯救了朋友，实际上，也就是在拯救自己。

帮助别人是人生一种莫大的快乐，人的一生亦离不开别人的帮助。有时由于帮助别人，自己却得到了出乎意料的回报。做人要懂得帮人的道理，如果只知取不知舍，只晓得要别人帮自己，而不愿意帮助别人，那做

人是一个大失败。

我们还知道,快乐的人比较慷慨。心满意足的时候,我们比较会仁慈待人。例如某个著名的实验,无意中在电话亭里捡到钱的受试者,看到有人掉了一叠文件比较会去帮忙捡拾。心存感恩的人比较容易慷慨解囊,对遭逢困境的他人伸出援手。反之亦然:你如果慷慨,你会比较快乐。慷慨,是心情的调节剂。有人问印度泰瑞莎修女,为什么她那群助贫救苦的助手气氛总是快乐欢欣。泰瑞莎修女对那人说:"因为世上没有比帮助苦难的人更快乐的事。"

看几个虚假的慷慨行径,或许我们对慷慨会有更深一层的了解。很多商品在促销期间承诺要给顾客礼物:累积点数,你就会"免费"得到一个漂亮的碗! 于是人人勤勤恳恳搜集小印花贴在集点卡上,引颈盼望那天到来,好得到免费的碗。不管那个碗有多丑,也不管家里是不是已经有了,重要的是你可以不劳而获,免钱就可以得到。仿佛没有其他事好干似的,大家耐心地、热烈地累积点数,直到那个日子到来。我想,赠品活动的价值不在于赠礼本身,而是可以免费得到的事实。这完全是假慷慨之名。人尽皆知,这是一种不实的商业手段,目的只是为了吸引消费者的目光。然而这个幽灵,这个仅是隐约貌似慷慨的冒牌货不但吸引了我们,还让我们意乱神迷。

多么悲哀:举目所见慷慨如此稀有,因此即使是少许的不由衷的慷慨都能诱引我们。多么美妙:这种特质近在眼前,就在我们的血肉之躯,也在我们祖先的血液里。慷慨是所有人类的潜能,无比珍贵,而且唾手可得。

"9·11"事件发生后,几分钟内就传遍了整个世界。可是有些人很晚才知道。有个部落,是个远离西方科技的偏远地区,直到事件发生七八个月后才得知。我不知道那些对我们的世界几乎没有任何认识的人怎么想象这种事情,对纽约这场世纪大灾难又有多少了解。可是他们知道,一场悲剧发生了。他们穿上五彩衣服,慎重地召开会议,决定把部落最宝贵的财产——16头牛——送给纽约人,好帮他们渡过难关。这些深知饥馑滋味的人愿意放弃自己的食物,只为了对他们素昧平生的人类同胞显示

戚戚之情。

慷慨正是如此：把最心爱的东西送人。送出后我们的物质会困窘些，可是感觉更富有。或许我们也会感到少了点装备和安全，可也多了点自由。我们就此具备了条件，让寄身的世界更添几许仁慈。

心灵悄悄话
XIN LING QIAO QIAO HUA >>>

两人如何从陌生人变为朋友？最简单的办法就是主动帮人。如何让自己与朋友之间的友情更加牢固？最简单的办法也是帮助朋友。俗话说："在家靠父母，出门靠朋友。"这个"靠"就是指朋友之间的互相帮助。

舍得赞美，获得好感

生活中人人需要赞美，需要别人的肯定。嘴巴甜一些，充满真诚地赞美对方，这是获得对方信任的催化剂。赞美如同微笑，是一种高层次的人际交流方式，能够沟通感情，让人与人之间更容易交流，它是人心灵上交流的阳光。

人，无论高低贵贱，男女老幼都喜欢听到合自己心意的赞美，因为这种赞美是别人对自己能力和成就的肯定，能够极大地提升自信。所以说，赞美是一种获得好感、维系感情的有效手段。

社会心理学家阿尔森和克林顿曾做过一个有名的实验：在实验中，他们把两名实验助手有意安排在被实验的人中，让被实验的人误以为这两位助手也是参加实验的人。让我们假设被试者叫大卫，两个助手分别叫托尼和汤姆。

实验的过程是这样的：假设让3个人合作去完成一项预定的工作。在第一次合作后，3个人被安排去休息。在这段时间，两个助手有意在大卫的背后谈论起他，而且设法让大卫听到这段谈话。

托尼用赞扬的口气说自己很喜欢大卫，而另一个助手则用否定的态度评价大卫。在休息结束后，他们进行了第二项合作。在所有的合作结束后，大卫被要求评价自己的两位合作伙伴，并表示自己对他们的喜爱程度。大卫的评价并不让人吃惊，他喜欢托尼——那个曾表示喜欢他的人，而不喜欢那个对他持否定态度的汤姆。在人际交往心理学上，人们把这一结果称为"人际吸引的相互性原则"，即"我们喜欢那些喜欢我们的人"。

有一次，齐威王和魏惠王一起到野外打猎。

魏惠王问："齐国有宝贝吗？"

齐威王答道："没有。"

魏惠王听后得意地说："我的国家虽小，尚且有直径一寸大的珍珠，发出的光彩能照耀到前后12辆车，而这样的珠子，我国共有10颗。难道齐国如此之大国，竟没有宝贝吗？"

齐威王别有意味地回答道："我用以确定宝贝的标准与您不同。我有个大臣叫檀，派他守南城，楚国人就不敢来犯，泗水流域的12个诸侯都来朝拜我国。我有个大臣叫盼子，派他守高唐，赵国人就不敢来黄河捕鱼。我有个官吏叫黔夫，派他守徐州，燕国人对着徐州的北门祭祀求福，赵国人对着徐州西门祭祀求福，迁移而求从属齐国的有7000多户。我有个大臣叫种首，派他警备盗贼，做到了路不拾遗。这4个大臣，他们的光辉照耀千里，岂止12辆车呢？这些人才是我最欣赏的宝贝！"

通过诸如此类巧妙得当的赞扬，可见齐威王在笼络人心方面表现得十分出色。也正因此，使得一大批像田忌、孙膑、淳于登这样的人才心甘情愿地为他卖命，于是齐国迅速崛起，成为战国"七雄"之一。

人类存在的最强烈的愿望就是能受到别人的喜爱。美国成功学大师戴尔·卡耐基早就看透了人的这个弱点："每个人都希望被欣赏，人类深层的特质是渴望被欣赏。渴望感到自己很重要，是动物和人的区别之一。"据西方成功学家和领导学家的研究，那些成功者受人喜爱的特性之一是他们有一种鼓励他人向上的力量，这包括对别人积极、肯定的态度。他们会为别人带来勇气、希望和力量，这正是每个人非常渴望而又缺乏的。

故事一：

洛克菲勒的一个伙伴倍德福，因为投资措施失当，在南美做错了一宗买卖，使公司亏损了100万元。洛克菲勒了解情况后，对他并没有任何批评或指责。

洛克菲勒知道倍德福已尽了最大的努力，同时这件事已告结束。所以，他决定尽量找些可称赞的事来。他恭贺倍德福，幸而保全了他投资金额的60%。洛克菲勒这样说："那已经不错了，我们做事不会每一件都是称心如意的。"

故事二：

美国著名的歌舞剧家齐格飞因为能够使一个平庸的女子变得光彩夺目而出名。他屡次把人们不愿意多看一眼、很不出色的女子，改变成在舞台上神秘诱人的尤物。

齐格飞很实际，他增加歌女们的薪金，从每星期30美元到175美元。他也重义气，在福利斯歌舞剧开幕之夜，他发出贺电给剧中明星，并且赠予每一个表演的歌女一朵美丽的玫瑰花。

当年，爱尔法利特·仑脱在"维也纳的重合"剧中担任主角的时候，曾经这样说过："我最需要的东西，是我自尊的滋养。"

《圣经》上说："你用什么量器给别人，别人也必会用什么量器给你。""你期待别人怎么待你，你也要那么对待别人。"习惯于表达欣赏的人，必定也会得到别人的欣赏；习惯于贬低别人的人，必定也会遭到别人的非议。

在我们的生活中，为什么有的人外表形象并不出色，但是却让我们如此喜欢，以至于我们称之为"朋友"和"知己"？而有的人貌似出众，但是我们却不愿意接近他们呢？

其实，正是"我们喜欢那些喜欢我们的人"的原则让他们成为我们的朋友；是他们对我们的欣赏和认可，让我们感到他们有眼力，就像一个发现了千里马的伯乐；在我们的眼中，他们也就显得如此美好、特殊，我们愿意与他们接近，也愿意帮助他们。

表现出喜爱我们的人，才真正掌握了我们"人性的弱点"，因为他们不仅让我们当时体验到了愉快的情绪，还让人类最强烈的渴望——受人

尊敬得到了满足,他们对我们的喜欢、欣赏、赞扬,让我们认为自己的社会价值得到了肯定。和他们在一起相处,我们拥有的是快乐,我们同样也回报他们以友好与热诚。

于是,他们在我们的眼中是友好、热忱、高大、可信的形象。如此的简单,不需要任何努力和代价,仅仅是由于展示出对我们的喜爱,我们就把同样的桂冠也戴在他们的头上了。

心灵悄悄话
XIN LING QIAO QIAO HUA >>>

爱默生说:"凡我所遇到的人,都有胜过我的地方,我就学他那些好的地方。"爱默生这样的见解,是非常正确并值得我们所重视的。要学会停止思考我们自己的成就和需要,去研究别人的优点,把对人的恭维、谄媚忘掉,给予人由衷、诚恳的赞赏。只有对别人献出你真实、诚恳的赞赏,才是真正赢得别人好感的真谛。

倾听能拉近距离

倾听能拉近人与人之间的距离，这是一种极为有效的交际手段。

倾听能拉近人与人之间的距离，这是一种极为有效的交际手段，能够表达出你对对方的一种尊重，一种信任。当你专心倾听别人的意见时，你的态度会使对方感到你认为他们的意见是重要的、有价值的，这就等于给他们以尊敬和赞许。认真地倾听是提高他人的价值和自尊心的有效方法，会倾听别人说话，是一种交际智慧。在人际关系圈里，会倾听别人的话，你就能掌握主动权，你就能够在人群之中生存、发展。

俗话说得好，三个臭皮匠胜过一个诸葛亮，做人千万不能独断专行，要多听听众人的意见。尽管你可能比他们都聪明，都有能力，但是他们总有着你没有的地方，能提出你所没想过的想法。

学企业管理的小张大学毕业，想独立创业——开一家服装店。母亲知道他这个创业计划后，对他说："你叔叔以前做过好多年生意，现在不做了，经验还在，你不如去请他传授传授。"

小张心想，叔叔做生意都是几年前的事了，他那点儿老经验拿到网络时代来用，只怕过时得太久了，况且自己是学过管理的大学生，根本没必要向没什么学历的叔叔学什么东西。他决定按自己的思路做事。

小张租了一个临街的门面，这周围只有几家食品店和百货店。他想，在这儿开服装店，没有竞争对手，市场全是自己的，生意肯定错不了。没想到，开业后，他的生意十分冷清，别说买主，连进来瞧一瞧的人都很少。他以为这是刚开业，没知名度的缘故，做下去就好了。

谁知过了半年，生意仍没有多大起色。眼看苦熬下去没有什么意思，

宣布倒闭又心有不甘。正在犹豫时，母亲替他请来叔叔，帮忙看看生意不景气的原因。叔叔看了一眼就说："你这地方开服装店不行，周围一家服装店也没有，不招客。"

小张奇怪地问："为什么？"

"你的店面小，花色品种有限，对顾客的吸引力本来不大，再加上没有对手竞争，价格没有比较，顾客怎么愿来呢？"

小张心想：看来叔叔的经验还没有过时，说得相当有道理。既然这地方"风水不好"，那就只好关门大吉了。

后来，他在叔叔的指点下，在另一个地点新开了一家服装店。这回生意做得很好，现在已扩大成一家服装超市了。

很多事不是凭自己的聪明与想象就能办到的，一定要去见识一番才能了解情况。可见全靠自己凭胆量去闯，受伤的机会就比较多，若是向过来人问一问，征求一下别人的意见，安全系数就会大大提高了。

现在很多年轻人比较欣赏这样一句豪言壮语：走自己的路，让别人说去吧。这固然表现了一种自信，但是有些绝对，因为别人说的如果是好的意见，我们还是要听的。

专心地倾听别人讲话，是我们所能给予别人的最大赞美，因为倾听是世界上最动听的语言。

英国维多利亚女王时期的政治家迪斯雷利在文学方面才华横溢，著有多部小说，得到各界女性的青睐。关于他的魅力流传着这样一个笑话：

有几个女性聚在一起议论当时的政治家。其中一个问道："如果迪斯雷利和他的政敌格拉德斯通同时向你求婚，你会作何选择？"在座的人都毫不犹豫地表示会选择迪斯雷利，而只有一个表示会选择格拉德斯通。"为什么？"她回答："与格拉德斯通结婚，然后让迪斯雷利做我的情人。"迪斯雷利很清楚自己对女性的魅力，并在自己的政治生涯中充分利用了这一优势。他之所以能够成为出色的政治家并且稳坐宰相之位，就是因为有了上流阶层遗孀们对他的鼎力相助及维多利亚女王的充分信任。而

迪斯雷利制服女人的秘诀就是：要得到别人的好感，必须学会认真倾听。

倾听，能拉近人与人之间的距离，正是迪斯雷利的认真倾听，拉近了他与别人之间的距离。

正如查尔斯·洛桑所说的："要令人觉得有趣，就要对别人感兴趣——问别人喜欢回答的问题，鼓励他谈谈自己和他的成就。"请记住：跟你谈话的人对他自己、他的需求和他的问题，比他对你和你的问题，更感兴趣千百倍。

戴尔·卡内基说："当对方尚未言尽时，你说什么都无济于事。"这就是说在对方尚未达到畅所欲言时，对任何劝说都不会起反应。所以，在交谈的时候，让对方把自己的内心所想如数道出，然后再表明自己的意见或条件，这样，对方通过倾诉得到了解脱，同时也对你产生了好感，具备了接受你的建议的心理状态。

这就是倾听的力量，它是给我们带来人脉的通道。

需要指出的是，倾听时一定要努力避免争执或争论。许多知名的成功人士都指出："不论对方聪明才智如何，你也不可能靠辩论改变任何人的想法。从争论中获胜的唯一秘诀是避免争论。"

真正赢得胜利的方法不是争论。争论要不得，甚至连最不露痕迹的争论也要不得。如果你老是抬杠、反驳，即使偶尔获得胜利，却永远得不到对方的好感。能衡量一下吗？是要口头上的、表面的胜利，还是要别人对你的真正好感？

那么，在生活中，怎样才能避免争执或争论呢？下面几点建议值得借鉴：

·欢迎不同的意见。要记住这一句话："当两个人意见总是不同的时候，其中之一就不需要了。"如果有些地方你没有想到，而有人提出来的话，你就应该衷心感谢。不同的意见是你避免重大错误的最好机会。

·不要相信你直觉的印象。当有人提出不同意见的时候，你第一个自然的反应是自卫。你要慎重，保持平静，并且小心你的直觉反应。这可能是你最差劲的地方，而不是最好的地方。

·控制你的脾气。记住，你可以根据一个人在什么情况下发脾气的情形来测定这个人的度量和成就究竟有多大。

·先听为上，让你的反对者有说话的机会。让他们把话说完，不要抗拒、防护或争辩。否则的话，只会增加彼此沟通的障碍。努力建立了解的桥梁，不要再加深误解。

·寻找同意的地方。在你听完了反对者的话以后，首先去想你同意的意见。

·要诚实承认你的错误，并且老实地说出来。为你的错误道歉，这样可以有助于解除反对者的武装和减少他们的防卫。

·同意仔细考虑反对者的意见，同意出于真心。你的反对者提出的意见可能是对的，在这时，同意考虑他们的意见是比较明智的做法。如果等到反对者对你说"我们早就告诉你了，可是你就是不听"，那你就难堪了。

·为反对者关心你的事情而真诚地感谢他们。任何肯花时间表达不同意见的人，必然和你一样对同一件事情感到关心。把他们当作要帮助你的人，或许就可以把你的反对者转变为你的朋友。

心灵悄悄话
XIN LING QIAO QIAO HUA >>>

倾听，是接受对方语言信息，进而通过思维活动达到认识、理解的过程。

倾听，本身是一种礼貌。这表示愿意考虑别人的想法，让人觉得尊重他的意见，有助于建立彼此接纳的融洽关系。

将欲取之,必先予之

在人际交往中,我们要以自己的所能来满足他人的欲求。他人得到满足后,才更愿意进行回报。古希腊哲学家波利克里说过:"我们结交朋友的方法,是给他人以好处。"当我们真的给他人以恩惠时,不是因为我们的得失而这样做,慷慨地给予,别人才会接受。

《老子》中有这样一句话:"将欲翕之,必故张之;将欲弱之,必故强之;将欲废之,必故兴之;将欲夺之,必故与之。是谓微明。"也就是说:"欲要收敛他,必须先要暂且扩张他;欲要削弱他,必须先要暂且加强他;欲要废除他,必须先要姑且抬举他;欲要夺取他,必须先要暂且给予他。这是微妙而又通明的道理。"

有一个人在沙漠中行走了两天,途中遇到暴风沙,一阵狂沙吹过之后,他已认不得正确的方向。正当快撑不住时,突然,他发现了一幢废弃的小屋,拖着疲惫的身子走进了屋内。这是一间不通风的小屋子,里面堆了一些枯朽的木材。他几近绝望地走到屋角,却意外地发现了一座抽水机。他兴奋地上前汲水,却任凭他怎么抽水,也抽不出半滴来。他颓然坐地,却看见抽水机旁,有一个用软木塞堵住瓶口的小瓶子,瓶上贴了一张泛黄的纸条,纸条上写着:"你必须用水灌入抽水机才能引水!不要忘了,在你离开前,请再将水装满!"

他拔开瓶塞,发现瓶子里,果然装满了水!

他的内心,此时开始交战着:如果自私点,只要将瓶子里的水喝掉,自己就不会渴死,就能活着走出这间屋子!如果照纸条做,把瓶子里仅有的水,倒入抽水机内,万一水一去不回,自己就会渴死在这地方了——到底

要不要冒险？

最后，他决定把瓶子里仅有的水，全部灌入看起来破旧不堪的抽水机里。他以颤抖的手汲水，水真的大量涌了出来！

他将水喝足后，把瓶子装满水，用软木塞封好，然后在原来那张纸条后面，再加他自己的话："相信我，真的有用。在取得之前，要先学会付出。"

付出，其实就是一种给予。为什么要给予呢？因为给予是真诚的体现，它是社会交往的基础与核心，它显然具有敲门砖的功能和作用。

生活中的大多数人，时时处处都是为自己的"我"打算的：升职提干，这次为什么没有我？明天的沙龙聚会，为什么不请我？如果每一个人都如此这般地想和做，那世界可就没希望了。我们何不逆向思维，反其道而行之？先走一步，把对方想要"取"的先给予他呢？主动一些，先满足对方的需要，无疑是建立双方关系的重要一步。

赵先生既没有学历，也没有金钱，更没有人事背景，但是他却能成为一个成功的企业家。他到底是如何成功的呢？因为他是一个聪明人，一个很会体贴他人的人。他对周围人的体贴，甚至超过了别人的需求。只要你说要上他那里玩，他都会万分地欢迎你去，希望你能住几天，背地里，无论是多么的拮据，内心多么的苦恼，他都好像随时在等你的来临，竭诚地来接待你，甚至在你回去的时候，还要带些小礼物、土特产之类的回家。

无论是多么的忙碌，他都不会表现出你的来访对他会是一种麻烦困扰。朋友问他何以如此，他说："像我这样一无所有的人，如果要与别人来往就不能不令对方感到和我来往，会得到某些方面的愉快与益处。"

事实上，以前的他，既没有学历，又没有金钱，更没有背景，一定是孤独的，别人都不想理他、与他往来。他是一直忍耐着寂寞的人生而努力奋斗度过那段日子。而他也就在其中学到了与人交往之道，即给别人某些方面的利益。所谓"某些方面的利益"，有时是精神方面，有时是物质方面。总之，别人得不到益处，是不会来主动接触你的。

另外一个例子,是出身名门的"富家子弟",他也想能成功地做出某些事情来。但是,当他与别人来往的时候,他首先就会考虑这个人对自己有何利用的价值。也许与这个人交往,以后向银行贷款时,会比较容易;也许与这个人做朋友,会教给自己致富之道;也许这个人会将土地廉价出售给我,也许会将办公室借给我。他就是如此这般地对周围的人怀着期待之心,认为与自己接触的人,都会带给自己某些利益。

这两个人在很大程度上代表了两种不同的人的社交方式,他们与人交往时的态度,实在是南辕北辙,完全不同:一个是奉献给别人某方面的利益;另一个则是认为与自己来往的人,可能会带给自己某方面的利益。

那么,怎么做才算给予呢?下面几点建议不可不知:

首先,洞察对方的需求。

美国的一家妇产医院中,同一病房内住着两个待产的妇女琼和安妮。琼的丈夫是开花店的,他每次来探望总免不了给妻子送上一束鲜花。每到这个时候,安妮总是眼巴巴地看着,眼中露出羡慕的神色。因为这几天来,没有一个人看过她,就更不用说送花了。第五天,当丈夫送花来时,琼接过花束走到安妮的床边说:"这次是送给你……"安妮惊喜地接过花来,满含深情地说了声"谢谢"。

10年后,琼的儿子被车祸夺去了性命,讣告发出后,琼收到了一束辗转邮送过来的鲜花,包裹的卡片上写道:"与他同一天出生的孩子和生产的母亲将永远怀念他。"这时,她终于想起了安妮。最悲痛的时候,她曾经给予友情的人,也给予她以心灵的抚慰,使她感觉到远方还有一个亲人。

在生活中,要多了解和观察别人的需求,尽量去满足对方,即使你得不到物质上回报,也会得到心灵上的满足。

其次,慷慨地付出。

中山君一次设宴款待群臣吃肉汤,但他没有请司马子期到场。司马子期在受到群臣的嘲讽后怀恨在心,说服楚国出兵攻打中山。中山君兵败逃命,最后仅剩下两个随从,就问他们为何这般忠心耿耿。那个人说,他们的父亲有一次快饿死时,是中山君舍饭救他,他临终要他们以死来报答你,因此他们来拼死相救。中山君听后仰天长叹,说:"我因为一杯羊肉汤而亡国,又因为一碗饭而得到了两个生死相许的勇士。"

在生活中,不吝啬你的拥有,慷慨地对待别人,才能赢得别人的支持。

最后,给予体现在多方面。社会生活中,一个人的物质拥有是有限的,奢谈给予不就是空话吗?不是的,给予的方式多种多样,有物质的,也有精神的,有举手之劳就能办成的,关键是看你为还是不为。

一年的冬季,纽约流行感冒,医生护士忙得应接不暇,该市某俱乐部的一些会员,决定帮医院一把。他们都是年过花甲的富人,捐几个钱应该是不成问题的。但他们却穿上白大褂,到医院照顾病人,打扫卫生,安慰病人,他们给予医院的是积极参与的精神,给予病人的是战胜病痛的勇气。

总之,将欲取之,必先予之,这是让你拥有良好和广阔的人际关系的重要原则,是社会交往的基础和核心。所以,我们应该主动一些,主动地去满足对方的需要,这样,你必能收获良好的友谊。

心灵悄悄话
XIN LING QIAO QIAO HUA >>>

人际关系的深浅,决定着一个人的事业和前程。茫茫人海中的每一个人,无不希望自己能够建立一个良好、广阔的人际关系。而要拥有良好和广阔的人际关系,就要遵循"将欲取之,必先予之"的原则。处理人际关系的真谛就在于把握好取与舍的分寸。

舍得投入才会有回报

处理各方面关系的关键在于要有长远眼光,切不可为眼前的利益斤斤计较,以致破坏了合伙关系。精明的人总是"放长线钓大鱼",从长远来看,回报必远远超过你的投入。

交际是一种十分微妙的东西,可以说无处不在,无时不在。它深入别人的潜意识之中,也影响着人的各种行为。人际关系是一张网,我们就是网上一个个的结点,这是人的一笔无形资产。有了这样一张网,做起事来会如有天助,会收到事半功倍的效果。

因此,做任何事情,离不开良好的人际关系,良好的人际关系是人最大的财富源泉。

人际关系在经商中起着重要的作用,有时甚至是具有决定作用。印度著名华侨企业家林绍良在创业的艰难历程中,得到了前总统苏哈托的帮助,使本来毫无希望的事业变得大有希望,也使一个身无分文的创业者成为富甲一方的商业巨人。

林绍良是世界上著名的大富翁。1917 年 9 月 7 日,林绍良出生于中国福建省福清市海口镇本宅村。1938 年,他抵达印尼谋生。当时的印尼与中国一样,烽火连天,经济不景气,要赚钱谈何容易。

日本投降后,印尼宣告独立,但荷兰军队又卷土重来,印尼重新处于战火纷飞之中。

林绍良凭借多年积累下来的行商经验和广泛的社会关系,冒着风险为印尼游击队源源不断地输送武器弹药和医药用品等物资,表现很突出。

在支援活动中,林绍良认识了许多印尼军官,其中一个就是后来担任

总统的苏哈托。当时苏哈托是中校团长。每当苏哈托的部队陷入经济窘境之时，林绍良都义不容辞地给予有力支持。苏哈托十分感激，就为林绍良突破重重包围把丁香烟运到新加坡贩卖提供保护。两人结下深交。

1949年，印尼赶走了荷兰军队，赢得了民族独立，但战后的印尼，百业凋敝，经济极度困难。不过，这正是抱负者施展经营才干的好时机。林绍良不满足贩卖丁香烟，他把活动中心从占突士迁到首都雅加达。林绍良利用与总统苏哈托的关系使事业飞速发展。

1954年，林绍良开办肥皂厂，接着是开纺织厂、铁钉厂、自行车零件厂。1957年，他创办了今日印尼最大的私营银行——中亚银行。20世纪60年代中期，林绍良创办了根扎那企业集团，拥有30多家银行、建筑、水泥、钢铁等企业。

1968年，他获得了政府给予的丁香烟进口专利权。此后资金滚滚而来，事业得以迅猛发展。1968年，印尼政府把全国生产面粉的2/3专利权交给了他，他很快就建起了两座规模庞大的现代化面粉加工厂。1975年林绍良投资1亿美元建设狄斯丁水泥厂，这是印尼数一数二的大企业，据说其资产值已达25亿美元。同时，他还买了大面积的地皮。向房地产业发展。现该集团成为印尼华人实力最雄厚的五大财团之一。

正是林绍良良好的人际关系，使他在商界如鱼得水，不仅为他化解了商业活动中的一个个难题，更主要的是他在各种关系中找到了为自己赚钱的路子。人脉资源对一个人的事业成功极为重要。

曾任美国某大铁路公司总裁的A.H.史密斯说："铁路的95%是人，5%是铁。"美国成功学大师卡耐基经过长期研究得出结论说："专业知识在一个人成功中的作用只占15%，而其余的85%则取决于人际关系。"所以说，无论你从事什么职业，学会处理人际关系，你就在成功路上走了85%的路程，在个人幸福的路上走了99%的路程了。

人人都希望自己能有一个美好的人际关系，都希望能多拥有一些朋

友,并与他们保持真挚的友谊。下面列出了赢得朋友、保持友谊、避免人际关系破裂的一般原则。

·真诚。真诚是人际交往的最基本的要求,所有的人际交往的手段、技巧都应该是建立在真诚交往的基础之上的。尔虞我诈的欺骗和虚伪的敷衍都是对人际关系的亵渎。真诚不是写在脸上的,而是发自内心的,伪装出来的真诚比真正的欺骗更令人讨厌。

·人际相互作用。我们都希望别人能够承认自己的价值,希望别人能够接纳自己、喜欢自己。出于这个目的,我们在社会交往中往往更注意自己的自我表现,注意吸引别人的注意力。从自我单方面出发考虑问题本无可非议,可是它却实实在在地影响着我们的交往。

社会心理学家通过大量的研究发现,人际关系的基础是人与人之间的相互重视、相互支持。

·让别人觉得与你交往值得。著名的社会心理学家霍曼斯提出,人际交往在本质上是一个社会交换的过程。长期以来,人们最忌讳将人际交往和交换联系起来,认为一谈交换,就很庸俗,或者亵渎了人与人之间真挚的感情。这种想法大可不必有。其实,我们在交往中总是在交换着某些东西,或者是物质,或者是情感,或者是其他。人们都希望交换对于自己来说是值得的,希望在交换过程中得大于失或至少等于失。不值得的交换是没有理由去进行的,不值得的人际交往更没有理由去维持。所有的交换都是依据一定的价值尺度来衡量的。对自己值得的,或者失大于得的人际关系,人们就倾向于逃避、疏远或中止。

正是交往的这种社会交换本质,要求我们在人际交往中必须注意,让别人觉得与我们的交往值得。无论怎样亲密的关系,都应该注意从物质、感情等各方面"投资",否则,原来亲密的关系也会转化为疏远的关系,使我们面临人际交往危机。

在我们积极"投资"的同时,还要注意不要急于获得回报。现实生活中,只问付出不问回报的人只占少数,大多数人在付出而没有得到期望中的回报时,就会产生吃亏的感觉,这样便很难获得稳固的人际关系。

·维护别人的自尊心。人有脸,树有皮,每一个人都有自尊心,都希

望别人的言行不伤及自己的自尊心。自尊心水平的高低是以自我价值感来衡量的。自我价值感强烈，则自尊心水平较高；自我价值感不强，则自尊心水平较低。大量的心理学研究证明，任何人在人际交往过程中都有明显地对自我价值感的维护倾向。例如，当我们取得了成绩时，我们会解释为这是自己的能力优于别人的缘故；当别人取得了成绩而我们没有取得成绩时，我们就会解释为别人仅仅是机遇好而已。这样的解释就不至于降低自我的价值感而伤及自尊心。

人的自我价值感主要来自人际交往过程中，来自他人对自己的反馈。因此，他人在人们的自我价值感确立方面具有特殊的意义。别人的肯定会增加人们的自我价值感，而别人的否定会直接威胁到人们的自我价值感。因此，人们对来自人际关系世界的否定性的信息特别敏感，别人的否定会激起强烈的自我价值保护的倾向，表现为逃避别人或者否定别人，以维护自己的自尊心。

心灵悄悄话
XIN LING QIAO QIAO HUA >>>

任何人都不会无缘无故地接纳我们、喜欢我们。别人喜欢我们注注是建立在我们喜欢他们、承认他们的价值的前提下的。人际交注中的喜欢与厌恶、接近与疏远都是相互的。喜欢和我们接近的人，我们才喜欢与他们接近；疏远我们的人，我们也会疏远他们。只有那种真心接纳、喜欢我们的人，我们才会真心接纳和喜欢他们，愿意同他们建立和维持良好的人际关系。这就是人际交注中的互动原则。

第四篇 >>>

亦舍亦得，潇洒人生

　　人生在世，得失乃寻常之事。得而不喜，失而不忧，得失随缘，心无烦恼。该退就退，该进就进，适时退让，或许飞得更高。退一步海阔天空，让一下风平浪静，今天的得到，不等于永远的赢家，今天的放弃，不等于不再拥有。放下人生的包袱，且歌且行，舍得随意，潇洒人生。

　　人生就是选择，而放弃正是一门选择的艺术，是人生的必修课。没有果敢的放弃，就没有辉煌的选择。与其苦苦挣扎，拼得头破血流，不如潇洒地挥手，勇敢地选择放弃。

得而不喜，失亦不忧

得而不喜，失而不忧是一种人生境界，这种人必然获得自信而成功的人生。

居里夫人是一位法国科学家，她与她的丈夫比埃尔都是放射性元素的早期研究者，他们发现了放射性元素钋和镭，并因此与法国物理学家亨利·贝克勒尔分享了 1903 年的诺贝尔物理学奖。之后，居里夫人继续研究了镭在化学和医学上的应用，并且因分离出纯的金属镭而又获得 1911 年诺贝尔化学奖。

1895 年，居里夫人和比埃尔·居里结婚时，新房里只有两把椅子，正好一人一把。比埃尔·居里觉得椅子太少，建议多添几把，以免客人来了没地方坐，居里夫人却说："有椅子是好的，只是客人坐下来就不走啦。为了多一点儿时间搞研究，还是算了吧。"

从 1953 年起，居里夫人的年薪已增至 4 万法郎，但她照样"吝啬"。她每次从国外回来，总要带回一些宴会上的菜单，因为这些菜单都是很厚很好的纸片，在背面写字很方便。难怪有人说居里夫人一直到死都像一个匆忙的贫穷妇人。

有一次，一位美国记者寻访居里夫人，他走到村子里一座渔家房舍门前，向赤足坐在门口石板上的一位妇女打听居里夫人的住处，当这位妇女抬起头时，记者大吃一惊：原来她就是居里夫人！

居里夫人闻名天下，但她既不求名也不求利。她一生获得各种奖金 10 次，各种奖章 16 枚，各种名誉头衔 117 个，但她并不在意这些。有一天，一位朋友来她家做客，看见她的小女儿正在玩英国皇家学会刚刚颁发

给她的金质奖章,于是惊讶地说:"居里夫人,能够得到一枚英国皇家学会的奖章是多么高的荣誉,你怎么能给孩子玩呢?"居里夫人笑了笑说:"我是想让孩子从小就知道,荣誉就像玩具,只能玩玩而已,绝不能看得太重,否则将一事无成。"

继居里夫人和她的丈夫获诺贝尔奖之后,由居里夫人培养成才的两对后辈也相继获得诺贝尔奖:长女伊伦娜是核物理学家,她与丈夫约里奥因发现人工放射物质而共同获得诺贝尔化学奖。次女艾芙是音乐家、传记作家,其夫曾以联合国儿童基金组织总干事的身份荣获1956年诺贝尔和平奖。

居里夫人淡泊处世、冷对人生、得而不喜的人生境界,值得我们每一个人借鉴。

爱因斯坦因为在科学上的成就,获得了许多奖状以及名誉博士的授予证书。一般人会把这些东西高高挂起,可是爱因斯坦却把以上东西,包括诺贝尔奖奖状一起乱七八糟地放在一个箱子里,看也不看一眼。英费尔德说他有时觉得爱因斯坦可能连诺贝尔奖是什么意义都不知道。据说他在得奖的那一天,脸上和平日一样平静,没有显出特别高兴或兴奋。

少年时代的爱因斯坦在瑞士居住时,过的是穷学生的生活,他对物质生活要求不高,有一碟意大利面条和一点儿酱他就感到很满意。成名后,成为教授以及后来为了躲避纳粹的迫害而移民美国,他都有条件过很好的物质生活,但是他仍过着像穷学生那样简朴无华的生活。

当爱因斯坦来到普林斯顿的高等科学研究所工作时,当局给了他相当的高薪——年薪1.6万美元,他却说:"这么多钱,是否可以少给我一点儿?给我3000美元就够了。"

1952年11月9日,爱因斯坦的老朋友、以色列首任总统魏茨曼逝世。在此前一天,就有以色列驻美国大使向他转达了以色列总理本·古里安的信,正式提请爱因斯坦为以色列共和国总统候选人。

当天晚上,一位记者给爱因斯坦打来电话,询问爱因斯坦:"听说他

们要请您出任以色列共和国总统，您会接受吗？"

"不会。我当不了总统。"

"总统没有多少具体事务，他的位置是象征性的。教授先生，您是最伟大的犹太人。不，不，您是全世界最伟大的人。由您来担任以色列总统，象征犹太民族的伟大，再好不过了。"

"不，我干不了。"

爱因斯坦刚放下电话，电话铃又响了。这次是驻华盛顿的以色列大使打来的。大使说："教授先生，我是奉以色列共和国总理本·古里安的指示，想请问一下，如果提名您当总统候选人，您愿意接受吗？"

"大使先生，关于自然，我了解一点儿；关于人，我几乎一点儿也不了解。我这样的人怎么能担任总统呢？请您向报界解释一下，给我解解围。"

大使进一步劝说道："教授先生，已故总统魏茨曼也是教授，您能胜任的。"

"魏茨曼和我不一样，他能胜任，我不能。"

"教授先生，每一个以色列公民以及全世界所有的犹太人，都在期待您呢！"

爱因斯坦的确被同胞们的好意感动了，但他想的更多的是如何委婉地拒绝大使和以色列政府，既不使他们失望，又不让他们窘迫。

不久，爱因斯坦在报上发表声明，正式谢绝出任以色列总统。在爱因斯坦看来，"当总统可不是一件容易的事。"同时，他还再次重申他自己的话："方程对我更重要些，因为政治是为当前，而方程却是一种永恒的东西。"

他在谢绝信中说："我为我们的以色列国向我提出的建议深为感动，但是，这也使我深为惭愧，因为我没有能力接受它。我一生研究的是客观世界，缺乏经世治国的才能和经验。仅这些原因，我就难以胜任这一崇高的职位，遑论我的年龄与精力了。自从我深刻认识到存在于这个复杂的世界局势中的危险以来，我与犹太人民的关系已经成为我最持久的联系了。因此，上述情况使我寝食难安。如今，我们失去了一位长期与人间残

酷的不平等作斗争、领导我们犹太人民迈向独立的领导人,我衷心地希望我们能再找到这样一位继任人,希望他的经验和品格能够使他继续担负起这项艰巨而又复杂的重任。"

作为物理学界的科学巨匠,爱因斯坦从来没有自认为是一个超人。他认识到,自己所走的道路是前人走过的道路的延伸,科学的新时代是在前人工作基础上的合理发展。因此,他总是抱着感激和敬仰的心情赞赏前人的贡献。

人的成长,不在于有无得失,而在于学习如何有得有失。聪明的人从不担心失去什么,而会思考应该得到什么;愚笨的人则只惶惶于失去一丁点儿东西,而不曾思考自己真正要的是什么。16世纪法国的一位大思想家说过这样一句话:"什么都来一点儿的人,什么都得不到。"

失去身外之物而不致失去自我的人,肯定会获得更多的机会;不曾失落任何东西的人,却可能会因为找不到自我而终至失去一切。

仔细想想,我们的人生不也常被某些无形的绳子牵住了吗?某一阶段情绪不太好,是不是自己也存在某种心结?其实,人生中不如意事十之八九,得失随缘吧,不要过分地强求什么,不要一味地去苛求些什么,世间万事转头空,名利到头一场梦,想通了,想透了,人也就透明了,心也就豁然开朗了。

心灵悄悄话
XIN LING QIAO QIAO HUA >>>

名利是绳,贪欲是绳,嫉妒和褊狭都是绳,一些过分的强求也是绳。一个人只有摆脱这些心的绳结,才能享受到真正的幸福,才能体会到做人的乐趣,才能获得自信而成功的人生。

得失随缘，心无增减

人生的得与失，本就不能强求。既然如此，何不以平静的心态寻找人生的美景，将一切都看作自然的规律，四季交替、高山流水本就有它自己的宿命。世态炎凉又何妨？身处低谷火何妨？都只是人生中的一个片段而已。

纵观历史，多少迁客骚人就是因为缺少这样一种顺其自然、随遇而安的心态，总是因环境变迁而怀忧丧志，最终才把豪情壮志通通磨灭掉的。正所谓"得失随缘，心无增减"，若我们能凡事都以一颗平常心看待，不以物喜，不以己悲，顺其自然，那就不会徒增那么多的烦恼了。

三伏天里，禅院的草地枯黄了一大片。

"快撒些种子吧，这样多难看。"小和尚说。

"等天凉了，"老和尚挥挥手，说："随时。"

中秋，老和尚买了一包草籽，叫小和尚去播种。秋风起，草籽随风飘洒。

"不好了，种子都被风吹走了。"小和尚喊。

"没关系，吹走的多半是空的，撒下去也不能发芽。"老和尚说："随性。"

撒完种子，就飞来几只鸟来啄食。

"要命啊，种子都快被鸟吃没了。"小和尚急得跺脚。

"没事，种子多，吃不完。"老和尚说："随遇。"

半夜一阵狂风骤雨，小和尚一早就冲进禅房嚷嚷到："师父，这下完了，好多草籽被雨水冲走了。"

"冲到哪儿,就会在哪发芽。"老和尚说:"随缘。"

一些日子过去了,原本光秃秃的土地上,居然长出许多翠绿的青苗,一些原来没播种的地方,也泛出了绿意。

小和尚高兴得不得了,老和尚说:"随喜。"

老和尚这种随性、顺其自然的思想,无疑顺应了生命的价值。顺应生命的起落也正是对生命最大的尊重。真正能做到在得失之间,淡然处之,顺应上天安排的人,无论生活的道路是坎坷还是畅达,总能在风云变幻中收放自如,心中拥有一份宁静和恬淡。

面对"得失""宠辱",能够做到波澜不惊,平和处之的人,实在是太少了。人的一生如过眼云烟,得与失都不值得炫耀,不足留恋。过于执着便是一种负担,甚至是一种苦楚。所以,不必太在意,也不必太留恋。过多地在乎得与失,只会让人生的乐趣减半,只有看淡了一切,生命才会释然。

佛曰:众生无我,苦乐随缘;纵得荣誉等事,宿因所构,今方得之;缘尽还无,何喜之有? 得失随缘,心无增减。随缘,是一种成熟,也是一种胸襟。它不是让我们放弃追求,而是让人以更豁达的心态去面对生活。当你也拥有这份随缘之心,你就会发现,无论是富足与贫困,人生都充满希望;无论遭遇多少凄风苦雨,你依然幸福。

心灵悄悄话
XIN LING QIAO QIAO HUA >>>

算计得太多就成了一种羁绊,迷失得太久便成了一种沉沦。正如树木长高了便不得不修剪多余的树枝;花朵为了结出果实,只好舍弃美丽的容颜;秋风为了质朴,就不得不远离了轻浮和繁华。

人生在世,得失乃寻常之事

人生之所以幸福,不是得到的多,而是要求得少;之所以不幸,也并非得到的少,而是要求得多。人们常说人生三苦,一是求不得,二是得到了又失去了,三是得到了才发现不过如此。得失乃寻常之事,可想不可求,不然你的人生将增添无尽烦恼。

一个婴儿刚出生就夭折了,一个中年人刚发财就暴毙了,一位老人刚抱上孙子就寿终正寝了。他们的灵魂在天堂中相遇,便互相抱怨起自己的不幸来。

婴儿对老人说:"上帝太偏心了,你活了这么长时间,而我却根本谈不上活过。我失去的是整整一辈子。"老人回答:"你基本上不算得到了生命,所以也无所谓失去。谁接受生命的恩赐的最多,谁死去时失去的也就最多。长寿非福也。"这时中年人嚷了起来:"你们有谁比我惨! 你们一个根本没活过,一个已经活够数了,我却在正当年时死去,把生命中最美好的部分都失去了。"

就在他们争论时,天堂的大门打开了,一个声音从前方传来:"众生啊,那已逝去的过去和未来都不再属于你们了。你们又怎么算得上失去呢?"这时,三个灵魂齐声喊道:"上帝啊,难道我们中间没有一个人是不幸的吗?"上帝答道:"不幸的人又何止一个? 你们全都是,因为你们全都自以为所失很多,并在被这个念头所折磨,所以你们都是不幸的人。"

我们总是摆脱不掉得失之间的利害关系,总是纠结于自己所失去的,殊不知,失去是必然,得到是上天的馈赠,才是偶然。

舍得——名利虚怀知舍得

踏破铁鞋无觅处,得来全不费工夫,是一种"得"。众里寻他千百度,蓦然回首,那人却在灯火阑珊处,也是一种"得"。豁达之人,把人生一切荣辱得失都看得清淡如水,不在乎去留,只关心庭前花开花落,宠辱不惊,淡然如天外云卷云舒,这才是一种恬淡自然的境界。因为心胸豁达的人必然明白,人生在世,得失乃平常之事。得失也罢、贫贱也罢、祸福也罢、荣辱也罢、尊卑也罢,冥冥之中自有安排。一切得终将变成失,所以,你可以去追求,但却不能去强求。我们能做的只是勇敢地得,坦然地失。

古时候,有位居士向禅师诉苦:"我的妻子悭贪吝啬,对于善事,分毫不舍,甚至连亲戚朋友陷入窘境也不肯接济。请禅师去我家开解、点化她。"禅师就和这位居士来到他家中。果然,居士的妻子十分小气,仅仅给禅师倒了一杯白水,连一点的茶叶末也舍不得放。禅师并不计较,也没说什么。不过,不知为什么,他将手握成拳头夹着杯子喝水。居士的妻子忍不住扑哧一声笑了。禅师问她笑什么?她说:"大师,你的手难不成有毛病?怎么总是握成拳头?"禅师问:"握成拳头不好吗?若我天天如此呢?""哪怕真会生出什么毛病来了,天长日久,成了畸形也不稀奇。""哦。"禅师像是恍然大悟,摊开手掌,却又总是张着五根指头,不肯合拢。居士的妻子又被他的滑稽逗乐了.笑着说:"大师啊,你的手总是这样,真是畸形吧?"禅师点点头,认真地说:"总是握着拳头或总是摊开巴掌,都是畸形。这就如同我们的钱财,若是只知紧紧握在手里,不肯松开,天长日久,人的心也就成了畸形;若是只知花用挥霍,不知积累,也是畸形。钱,只有用起来,它才是'钱',才有它的价值。"

居士的妻子突然脸红了。因为她明白了禅师所做的一切,都是在变相劝慰她不要吝啬悭贪。道理虽然她也明白了,但总觉得伤了自尊,于是她想给禅师出个难题,从面子上赢回来。这时,她家养的一只小猴子从外面跑了进来。她灵机一动,抱起小猴子,对禅师说:"大师你看这猴子多可爱呀,跟我们人多像啊。"禅师半开玩笑说:"是啊,它只是比人多了一身毛,若肯舍弃,便可做人了。"居士的妻子说:"听闻您法力无边,不如想办法把它变成人吧。"居士一边训斥妻子胡闹,一边向禅师道歉。谁知,

禅师却认认真真地说："那好吧，我只能试试看。能不能变成人，就要看它自己了。"于是禅师伸手拔了一根猴毛。小猴子痛得吱吱乱叫乱蹦，从居士妻子怀里挣脱出来，逃之夭夭。禅师叹了一口气，摇着头说："唉，你看它一毛不拔，怎么能做人呢？舍得舍得，有舍才有得；分毫不舍，又如何能得。"

人生也如此，想要的多，舍不得、放不下的也多。正所谓，欲壑难填，唯一能够解脱的方法只有舍得、只有放弃。放弃对权力的角逐，放弃对金钱的贪欲，放弃屈辱留下的仇恨，放弃心中所有难言的重负，放弃对爱情的执迷不悟……只有诸多的放弃，才能轻松快乐，才能赢得人生。

心灵悄悄话
XIN LING QIAO QIAO HUA >>>

性贪之人应知善舍善施，乃发财、旺福之根本。不播种，怎会有收成？人生在世，浮沉得失，都只是过眼云烟。得之坦然，失之淡然，才是正道。

失意的时候，换种心态

人的一生，不如意之事十之八九，重要的不是具体发生过什么，而是我们以怎样的心态去看待这些事。有时候角度不同，结果也会截然不同。若能跳出来看自己，以豁达、乐观、体谅的心态来看待自己，认识自己，生活便会丰富多彩，烦恼也会减半。很多时候，我们的痛苦不是问题所带来的，而是因我们对这些问题的看法而产生的。

夏日的一个傍晚，有一位美丽的少妇投河自尽，被正在摆渡的老人救起。老人问："你年纪轻轻，为何这样想不开？""我结婚不到两年，丈夫就抛弃了我，孩子也病死了。您说我活着还有什么意义？"

老人听后沉默了一会儿说："两年前，你是怎样生活的？"少妇说："那时我无忧无虑，自由自在啊……""那时你有丈夫和孩子吗？""没有。""那么，你只不过是被命运之船送回到两年前了。你现在又可以自由自在地去生活了。好了，请上岸去吧……"

话音刚落，少妇如梦初醒，谢过了老人，转身上岸走了。从此，她很积极地去生活，再没想过寻短见。

少妇的幡然醒悟，是因为她从另一个角度看待了自己，从而看到一种生的希望与曙光。在很多时候，我们之所以陷在痛苦之中不能自拔，就是因为总是依靠过去的经验做出判断。如果这时，我们能换个角度看待自己，你就不会为商场失手、情场失意而意志消沉；也不会为名利在身、赞誉四起而得意忘形。

有位秀才已经是第三次进京赶考了，住在一个经常住、已经较为熟悉的店里。考试前几天他做了3个梦。

第一个梦是，自己在墙上种白菜；第二个梦是，下雨天，他戴了斗笠还打了把伞；第三个梦是，梦到跟自己的意中人躺在一起，但是背靠着背。

他觉得这3个梦似乎有些深意，于是第二天，秀才就赶紧去找算命的先生解梦。

算命的一听，半天不语，紧蹙了一下眉头，边叹息边说："公子，你还是回家吧。你想想，在高墙上种菜不是白费劲吗？戴斗笠打雨伞岂不是多此一举？跟意中人躺在一张床上了，却背靠背，不是没戏吗？"

秀才一听，心灰意冷，萎靡不振。又想起自己前两次的名落孙山，越想越觉得算命先生说得有道理。于是，他沮丧地走回客栈，收拾包袱准备回家去了。店里的伙计觉得奇怪，便问："不是还没有考试呢吗，你今天怎么就回去了呢？"

秀才将自己做的3个梦和算命先生的话向伙计如此这般地说了一遍，没想到伙计听后反而乐了："哟，我也会解梦啊。我倒觉得，你这次一定要去参加考试。你仔细想想，墙上种白菜不是高种（中）吗？戴斗笠还打伞不是说你这次有备无患吗？跟意中人背靠背躺在床上，不是说明你翻身的时候就要到了吗？"秀才一听，不禁觉得更有道理，于是信心百倍地去参加了考试。等到揭榜那一天一看，他还真中了个探花。

所以说，当人生的理想和追求无法实现时，不妨换个角度来看待人生。换个角度，便会产生另一种处境，另一种哲学。就像一片落叶，或许你只能看到"零落成泥碾作尘"的悲惨命运，却忽略了"化作春泥更护花"的圆满结局。

对待自己也同样，若能以一种达观的心态看待自己，你就会认识到生活的另一层意义。所以，幸福也好、困苦也罢，都取决于人的心境，对事物的感受，对生活的态度。无可预知的未来，也会让我们烦恼，让我们在遭遇挫折时措手不及。但如果换个角度，就会发现，正因为前方的不可知，才诱发了我们探险前行的兴趣，让我们有激情去创造未来。因此，当痛苦

向你袭来的时候,不妨乐观地去看待自己,看待生活。勇敢地面对这多舛的路途,在忧伤的瘠土上寻找困苦的原因,扫清前方的一切阻碍,让灵魂在布满荆棘的旅程上所向披靡。

心灵悄悄话
XIN LING QIAO QIAO HUA >>>

孔雀开屏时,从正面看,美丽至极,可是从后面看却只是光秃秃的屁股,丑陋无比。角度的不同,决定景色的不同。人生也同样,若能换个角度看待自己,便是一种突破、一种超越、一种解脱、一种高层次的淡泊宁静,一种善待自己、善待生活的睿智。

放下包袱,且歌且行

担心摔倒,担心弄脏衣服,注意力不集中,自然插不好秧苗。外衣脱了,鞋子脱了,少了顾虑,自然脚底稳当。可见,人生也只有放下沉重的包袱,轻装上阵,才能收获成功。

一个青年背着一个大包裹千里迢迢跑来找无际大师,他说:"大师,我是那样的孤独、痛苦和寂寞,长途跋涉使我疲倦到了极点;我的鞋子破了,荆棘割破双脚;手也受伤了,流血不止;嗓子因为长久的呼喊而喑哑,为什么我还不能找到心中的阳光?"

大师问:"你的大包裹里装的什么?"青年说:"它对我可重要了。里面是我每一次跌倒时的痛苦,每一次受伤后的哭泣,每一次孤寂时的烦恼,靠着它,我才能走到您这儿来。"

于是,无际大师带青年来到河边,他们坐船过了河。上岸后,大师说:"你扛着船赶路吧!""什么,扛着船赶路?"青年很惊讶,"它那么沉,我扛得动吗?""是的,孩子,你扛不动它。"大师微微一笑,说:"过河时,船是有用的。但过了河,我们就要放下船赶路。否则,它会变成我们的包袱。痛苦、孤独、寂寞、灾难、眼泪,这些经历能使生命得到升华,但念念不忘,就成了人生的包袱。放下它吧!孩子,生命不能太负重。"

青年放下包袱,继续赶路,他发觉自己的步子轻松无比,心情愉悦开朗。原来,生命是可以不必如此沉重的。

放下沉重的包袱,不为贪婪所迷惑,不为钱财所伤神。这样的人生,自然是轻松而快乐的。人生往往如此,拥有的越多,包袱也就越重。其实

万事万物本来就随着世界的变迁而变化，可世人却总是试图牢牢地抓住现在、不愿改变，于是烦恼接踵而至。如果这时能放下身上的包袱，便能解开精神上的枷锁，生活就会逍遥自在。

那么，怎样才能放得下自己的包袱呢？我认为放得下至少要做到以下几点：不过分注重名利，不计较眼前得失，有长远的目标和坚强的意志。"放下"不代表"放弃"，"放下"是丢掉生活中无足轻重的东西。譬如一架飞机油量不足时千万不可放弃生存的希望，我们可以丢掉一些包囊，让飞机顺利降落。"放下"一点，便轻松无比，行动起来自然更加有力。我们行动的停滞或受阻往往是由于思想的"包袱"太重而又舍不得丢掉一些所导致的，只要放下思想的包袱，我们的行动就会有"轻舟已过万重山"的快感。

"放下包袱，轻松前行"——对于生活，我们要积极面对，放下精神和物质的"包袱"，以一种超然的态度去看待人生、创造人生、享受人生。不要因为一点点与目标无关的小事使自己的身体和心理承受不必要的压力，"放下"便是为自己打开一扇通向光明、通向成功的窗户，放下不必要的包袱便是选择了一条豁然开朗的生命之路，能放下的人必是大智大慧之人，才能且歌且行，潇洒人生。

心灵悄悄话
XIN LING QIAO QIAO HUA >>>

舍是种大智慧，得是种境界。倘若一个人，将一生的所得都背负在自己的身上，那么，纵使他有一副钢筋铁骨，也会被负累压倒在地。而如果我们懂得为自己"减负"，懂得为自己卸下包袱，那么我们才能轻装前行，去撷取人间最为瑰丽的辉煌。

回头看看，路会更宽

斯宾塞·约翰逊曾说过："越早放弃旧的奶酪，你就会越早发现新的奶酪。"人生也是如此，没有必要执着地守着已经不再新鲜的奶酪，而错过了新鲜的奶酪。偶尔地回头看看，或许你会发现身边有更好的选择，一味地执迷不悟，只会让自己陷入绝境，走进死胡同。

人生在世，必须要走好每一步、每一条路，有时候往往我们迈出第一步时，便已"棋子未落，结局已定"。但这不是最重要的，重要的是：当我们知道错的时候，赶紧回头，重新来过，哪怕是已经付出了成本，也总比输掉全部要好。最可悲的是，有些人明明走错了路却还要继续走下去，这才是最不应该的。

也许，你已经错过了生命的晨曦，可是生命并未终止还在继续，路还在脚下，怕什么？一切都不晚，为何不赶在夜晚来临之前，找准方向、再次启程？

鲁迅在日本留学的时候学的是医学，他原本的目的是改善被讥为"东亚病夫"的中国人的身体状况，他自认为身体强壮起来了也就不会被欺负了。直到有一次，在上课前放映的幻灯画面中，鲁迅看到一个中国人被日本军队捉住准备砍头，旁边站了一群中国人却若无其事地看热闹，鲁迅在思想上受到了极大的刺激。这也使他认识到，精神上的麻木比身体上的虚弱更加可怕且可悲。要改变中华民族的悲惨命运，首要的是拯救中国人的精神，而要拯救精神，则要从文学和艺术开始。于是鲁迅弃医从文，筹办文学杂志，发表文章，开启了文学事业的道路。

鲁迅的成功,在于他的回头和重新做出的决定。当他发现医学只能疗救一个人身体的病痛与缺陷,不能医治好精神上的痼疾时,他终于醒悟了。所以,鲁迅放弃了原来已经走得顺顺利利的医学之路,而选择了剖析国人的灵魂、以笔为刀的文学创作之路。回头看时,鲁迅修正了人生的方向,我们为何不可?人生的旅途并非只要一直前行便可达到成功的彼岸,而是找准方向才有取得成功的可能。

在我们的生活中,总有一些事,是我们无论经过多少努力,都无法成功的。这时,我们便要学会审视自己的来时路,回头看看,这条路是否真的适合自己。若不是属于自己的路,继续走下去只会离目标越来越远。

回头看看吧!当你执着于成功,而又找不到前方的出路时;当你面对高墙围困,茫然不知所措时,便是回头的时候了。回头看看,你可能发现解决问题的方法不止一种,曾经认为的绊脚石也可能成为垫脚石,遭遇过的失败可能就是成功的动力来源。

当然,并不是每一个地方都应该回头看看。回头便是需要有反思的心态,需要有静下来的空间。在百米跑道上,你就不能回头,在生死急速间,你也不能回头。因为这个时候,你应该轻装上阵,一往无前。

心灵悄悄话
XIN LING QIAO QIAO HUA >>>

若你真的走进了死胡同,便应该及时放弃,回头审视便会给你带来新的契机。多回头看看吧,不要只顾于匆匆赶路,这即是泰然处之、胸有成竹的自信来源,是思接千载、视通万里的眼界。即便是天才,也需要再回头看看,对过去看得有多透,在未来就能走得有多远。

适时退让,你会飞得更高

退让并不代表懦弱和认输,而是一种生存的技能,一种交流的艺术。它或许使你感觉受到了委屈与屈辱,但从另一个角度上来看,却使你在道义上取得了胜利。同时,退让也为我们今后的反击或是发展铺平了道路。人生很多时候,不是败在不够努力上,而是败在处世的态度上。

人人都想一步登天,穿山起海,但有时环境的复杂与处境的艰难,迫使我们不得不放下前行的脚步,选择迂回与退让。其实,退并不是愚者的表现,而是智者的大智慧。

在漫长的人生旅程中,善于争取,勇于争夺,可以说是人的一种本能,几乎所有人都会。但是,如果想要从困境或是争端中抽身而出,以退为进,则并不是一件容易的事情,非有大智慧不可。

退让,本是一种舍弃,舍弃表面的尊严,舍弃赢得大局的主动权。在后退中前进,在失去中索取。正如双桨向后划动,可船舶却在向前行驶。船桨越用力往后,船身划出的距离便越远。退让又如狂风刮断了大树,而弱小的芦苇却毫发无伤。正是因为芦苇清楚地知道自己的软弱无力,便明智地低下头给风让路,避免了狂风的冲击,才在逆境中得以生存;而大树却仗着自己的粗壮有力,不懂得退让,拼命抵抗,结果被狂风刮断。

战国时期,楚、梁两国相邻。梁国边境县的县令由梁国的大夫宋就担任。

由于两国都设有边亭。两国边亭的人员就各自种了一块瓜田。梁亭百姓十分勤劳,也肯于吃苦,经常给瓜田浇水灌溉,所以他们种的瓜长势很好。而楚亭人员比较懒惰,很少去灌溉瓜田,他们种的瓜长势并不好。

一天，楚亭人员看到梁亭的瓜田长得绿油油，生机勃勃的，比自己的瓜田好多了，十分妒忌，于是就在夜间偷偷去砍断梁亭的瓜秧，使梁亭的砂瓜秧枯干而死。

不久，梁亭的人员发觉了这件事，就向师爷请求：允许他们也偷偷地去砍断楚亭的瓜秧，进行报复。

考虑到这件事可能造成两国边境事端，事态严重，师爷没敢擅自做主，便去请示县令宋就。宋就知道了以后说："这是什么馊主意！明明是结怨惹祸的办法，如果真的这样做了，双方都得不到好处。你按我说的去办吧，每天夜晚派人前去，偷偷地帮楚亭浇灌瓜田，记住，不能让他们知道！"

师爷听了，很是为难，但这是县令的意思，他也不敢违抗，只好原话转告给了老百姓。百姓们更不明白这其中的意思，但既然是县令的命令，也只能照着去做。

于是，梁亭人员就在每天夜里偷偷前去浇灌楚亭的瓜田。等到楚亭百姓早晨到瓜田一看，发现瓜田已经浇灌过了。就这样，在梁亭人员的帮助下，楚亭的瓜田长势越来越好。楚亭人员便感到奇怪，暗中察访，才知道原来是梁亭人员干的。

楚国的边亭人员大受震撼，心中也暗生惭愧，便把这件事向楚国的边境县令上报了，县令听到后很高兴，便把这件事报告给楚国朝廷。

楚王听到这件事，感到非常惭愧，也知道是自己的百姓糊涂，做了错事，就对大臣说："我们的边亭人员除了砍断人家的瓜秧，有没有其他罪过呢？"大臣也明白楚王的言外之意是要求官吏严格约束部下，检查有没有其他挑衅的事件。

同时，楚王对梁国人的暗中忍让也感到非常高兴，便派人带着丰厚的礼品向梁国边亭人员道歉，并请求与梁王交好。从此之后，楚王时常称赞梁王最有信义。楚国与梁国关系融洽，也是从宋就妥善处理边亭瓜田事件而开始的。

宋就出人意料的"浇灌对方的瓜田"，不仅感动了楚人，也收获了两

国的邦谊。设想如果当初宋就采纳本地百姓的建议，也同样去破坏楚国的瓜田，毫不相让，那百姓必定会因此结下深深的怨恨，不断伺机报复对方，甚至很可能引发一场战争。于是，宋就理智地选择了退让，也正是在退让中，获得了百姓之间的太平。

退让并不代表懦弱和认输，而是一种生存的技能，一种交流的艺术。它或许使你感觉受到了委屈与屈辱，但从另一个角度上来看，却使你在道义上取得了胜利。同时，退让也为我们今后的反击或是发展铺平了道路。人生很多时候，不是败在不够努力上，而是败在处世的态度上。

明知不可为而为之，称不上什么英雄，不过是不知变通的匹夫之勇。只有暂时的退让，保全自己的实力，躲过对方的锋芒，才有反败为胜的机会，这也是退让的智慧所在。

心灵悄悄话
XIN LING QIAO QIAO HUA >>>

只有心胸豁达，眼光长远，懂得牺牲眼前的部分利益来获得未来发展的人，才称得上是一位智者。

第五篇 >>>

舍得之中,驰骋职场

　　农民收获了粮食,是因为农民付出了汗水;工人领到了工资,也是因为付出了劳动;张三得到了朋友,是因为张三付出了感情;李四得到了财富,是因为李四付出了智慧。得失的规律就是付出越多,收获越多。在职场上, 小事情也能成就大作为, 低薪水也能迎来高待遇,用成就他人来赢得自己。

　　我们不可能鱼和熊掌兼而得之;既不愿舍去、而又想占全所有好处,其结果或许是什么都得不到。就像手中的沙子,越是想把它攥紧,从指缝间流失的沙子也就越多。

付出越多,机会越多

事实告诉我们:任何收获,都是因为付出。在世界上,你能得到多少,就看你能舍弃多少。在职场中这个道理同样适用。

率先主动是一种极珍贵、备受看重的素养。它能使人变得更加敏捷、更加积极。无论你是管理者,还是普通职员,"每天多做一点点"的工作态度能使你从竞争中脱颖而出。你的老板、委托人和顾客会关注你、信赖你,从而给你更多的机会。

数百年前,一位聪明的老国王召集聪明的臣子,交代了一个任务:"我要你们编一本《各时代的智慧录》,好流传给子孙。"这些聪明人离开老国王以后,工作了很长一段时间,最后完成了一部12卷的巨作。老国王看了后说:"各位先生,我确信这是各时代的智慧结晶。然而,它太厚了,我怕人们不会去读完它。把它浓缩一下吧!"这些聪明人又经过长期的努力工作,几经删减之后完成了一卷书。然而,老国王还是认为太长了,又命令他们继续浓缩。这些聪明人把一本书浓缩为一章,然后浓缩为一页,浓缩为一段,最后则浓缩成一句。老国王看到这句话时说:"各位先生,这真是各时代的智慧结晶,并且各地的人一旦知道这个真理,我们担心的大部分问题就可以解决了。"这句千锤百炼的话是:"天下没有免费的午餐。"

如果我们领悟了这句话的真谛,职场中的你还会想入非非吗? 我们别无选择,只有埋头苦干。

其实,工作中只有一件事是最重要的,那就是自己愿意埋头苦干,至

于别人怎么说,怎么认为,反而是一件无足轻重的小事。

当然,你没有义务要做自己职责范围以外的事,但是你也可以选择自愿去做,以驱策自己快速前进。率先主动是一种极珍贵、备受看重的素养,它能使人变得更加敏捷、更加积极。无论你是管理者,还是普通职员,"每天多做一点点"的工作态度能使你从竞争中脱颖而出。你的老板、委托人和顾客会关注你、信赖你,从而给你更多的机会。

卡洛·道尼斯先生最初在杜兰特工作时,职务很低,现在已成为杜兰特先生的左膀右臂,担任其下属一家公司的总裁。之所以能如此快速升迁,秘密就在于"每天多干一点"。

我曾经拜访道尼斯先生,并且询问其成功的诀窍。他平静而简短地道出了个中缘由:

"在为杜兰特先生工作之初,我就注意到,每天下班后,所有的人都回家了,杜兰特先生仍然会留在办公室里继续工作到很晚。因此,我决定下班后也留在办公室里。是的,的确没有人要求我这样做,但我认为自己应该留下来,在需要时为杜兰特先生提供一些帮助。"

"工作时杜兰特先生经常找文件、打印材料,最初这些工作都是他自己亲自来做的。很快,他就发现我随时在等待他的召唤,并且逐渐养成招呼我的习惯……"

杜兰特先生为什么会养成召唤道尼斯先生的习惯呢?因为道尼斯自动留在办公室,使杜兰特先生随时可以看到他,并且诚心诚意为他服务。这样做获得了报酬吗?没有。但是,他获得了更多的机会,使自己赢得老板的关注,最终获得了提升。

你可以借加班之机,处理那些被一再推迟的琐碎小事。当你独自留在办公室里,正是绝佳的"还债"时机,把平时积累下来的工作项目整理出来,对自己的发展只会有利。

社会在发展,公司在成长,个人的职责范围也随之扩大。不要总是以"这不是我分内的工作"为由来逃避责任。当额外的工作分配到你头上

时,不妨视之为一种机遇。其实,提前上班,主动加班,别以为没人注意到,老板可是睁大眼睛在瞧着呢! 如果能提早一点到公司,就说明你十分重视这份工作。每天提前一点到达,可以对一天的工作做个规划。当别人还在考虑当天该做什么时,你已经走在别人前面了!

不幸的是,许多人会站在生命的火炉前,说道:"火炉,请给我一点温暖,然后我给你加进一些木柴。"秘书往往会跑到老板那里说:"给我加薪,我就会做得更好。"推销员时常到老板那里说:"把我升为销售经理,我就会变得能干,虽然我一直没有做出什么。不过,一旦让我负责,我就能做得更好。所以请让我当主管,我会做给你看。"学生往往对老师说:"我若把这学期不良的成绩带回家,父母就会惩罚我。所以,老师,如果你这学期给我好成绩,我答应下学期会努力用功。"一位农夫祷告说:"如果让我今年丰收的话,我答应明年会好好耕种。"……总而言之,他们说的是:"给我报酬,然后我会生产。"

可惜生命并不是这样运行的,在你期望得到东西前,必须先付出一些什么才行。

在工作中并不是多做一件事或多帮别人干一点儿活就是吃亏。其实这是一个机会,说明领导信任你。比如,领导让你帮同事一把,这不是吃亏,这是为集体做好事,还加强了同事之间的友谊。假如领导让你加加班赶赶任务,你不要以为你就吃亏了,你应该感到光荣,因为领导只叫了你,而没叫其他人,而且,你还可以从中学到不少新东西,提高自己的能力。

心灵悄悄话
XIN LING QIAO QIAO HUA >>>

很多人舍弃后,也许并不能马上得到自己想要的回报,然而,当不期而遇的幸运降临时,在回顾以往的努力经历时,便会暗自庆幸自己的所有舍弃都是值得的。

小事情成就大作为

为了追求大的成功,要肯从小事做起。现今社会上许多人心浮气躁,静不下来,凡事都想速成,却不愿一步步从小事做起。其实,人与人之间的差别是很小的。在很多时候,稍微调整一下态度,就会赢得更加精彩的人生。"勿以恶小而为之,勿以善小而不为。"这句话,对于帮助人们立身处世十分重要。在职场上也一样,为了追求大的成功,就要从小事做起,小事情成就大作为。

人生在世,应该有个基本的生活态度,起码要自觉做到为善不为恶。好事可以有大小,而做好事的精神不可以懈怠。尤其对于不为人们注目甚至不为人们理解的小的好事,也要坚持不懈认真地去做。山不拒细壤,才能成其高;海不拒细流,才能成其大。坚持做小的好事,才可以做大的好事。

在职场,要肯从简单的事情做起。唯有保持低调认真,才会为自己赢得更大的空间和更多的机会。如果自己不屑于做简单的事情,而一心只想做大事,就会陷入盲目自大的陷阱,这对你的职场生涯非常不利;相反,如果你能做到认认真真工作,干一行爱一行,不仅把自己手头的简单事情做好,更做到完美,那么时间久了,你的老板自然就会注意到你的才智,你的努力就将为你赢得更可贵的机会。

维斯卡亚公司是美国20世纪80年代最为著名的机械制造公司,其产品销往全世界,并代表着当时重型机械制造业的最高水平。许多人毕业后到该公司求职遭拒绝,原因很简单,该公司的高技术人才爆满,不再需要各种高技术人才。但是令人垂涎的待遇和足以自豪、炫耀的地位仍然向那些有志的求职者闪烁着诱人的光环。

　　詹姆斯是哈佛大学机械制造业的高才生，和许多人的命运一样，他在该公司每年一次的用人测试会上被冷落，其实这时的用人测试早已经是徒有虚名了。詹姆斯并没有死心，他发誓一定要进入维斯卡亚重型机械制造公司。于是他采取了一个特殊的策略——假装自己一无所长。

　　他先找到公司人事部，提出为该公司无偿提供劳动力，请求公司分派给他任何工作，他都不计任何报酬来完成。公司起初觉得这简直不可思议，但考虑到不用任何花费，也用不着操心，于是便分派他去打扫车间里的废铁屑。一年来，詹姆斯勤勤恳恳地重复着这种简单但是劳累的工作。为了糊口，下班后他还要去酒吧打工。这样虽然得到老板及工人们的好感，但是仍然没有一个人提到录用他的问题。

　　1990年初，公司的许多订单纷纷被退回，理由均是产品质量有问题，为此公司将蒙受巨大的损失。公司董事会为了挽救颓势，紧急召开会议商议解决，当会议进行一大半却尚未见眉目时，詹姆斯闯入会议室，提出要直接见总经理。在会上，詹姆斯对这一问题出现的原因作了令人信服的解释，并且就工程技术上的问题提出了自己的看法，随后拿出了自己对产品的改造设计图。这个设计非常先进，恰到好处地保留了原来机械的优点，同时克服了已出现的弊病。总经理及董事会的董事见到这个编外清洁工如此精明在行，便询问他的背景以及现状。詹姆斯面对公司的最高决策者们，将自己的真实身份和盘托出，经董事会举手表决，詹姆斯当即被聘为公司负责生产技术问题的副总经理。

　　原来，詹姆斯在做清扫工时，利用清扫工到处走动的特点，细心察看了整个公司各部门的生产情况，并一一做了详细记录，发现了所存在的技术性问题并想出解决的办法。为此，他花了近一年的时间搞设计，做了大量的统计，为最后一展雄姿奠定了基础。

　　为了追求大的成功，要肯从小事做起。现今社会上许多人心浮气躁，静不下来，凡事都想速成，却不愿一步步从小事做起。其实，人与人之间的差别是很小的。在很多时候，稍微调整一下态度，就会赢得更加精彩的

人生。

在希尔顿大酒店，两个年轻的大学毕业生杰克和汤姆应聘而来。起初他们对进入知名大企业感到非常兴奋，可很快两人就发现酒店并不是很重视他们，因为他们被安排去打扫楼道卫生。上班第一天，杰克和汤姆都还很踊跃，积极工作，尽量表现自己，然而就这样一过就是两个月，杰克和汤姆还在打扫卫生，这时两个人的心态就有了差别。杰克不断地埋怨酒店和经理，认为他们不懂得识别人才，自己明明是一名大学生，却天天在这里打扫卫生，真是大材小用。由于他心存不满，开始变得懒散，总是迟到早退，不肯卖力干活。汤姆却一如既往认真地工作，很少发牢骚，他把这些当成是对自己的锻炼和考验。每天他吹着口哨，很早地就来到了希尔顿酒店，准备开始一天的工作；晚上下班时，他比谁走得都晚，因为他想，作为一个新员工，就应该多做一些，把工作做到位再休息，而不应熬时间。

第三个月过去了，他们仍然干着清洁工的工作。杰克忍不住了，一气之下辞了职。不过汤姆没有跟着他一起走，还是安安心心地做着自己的清洁工工作。又过了一个月，汤姆被叫到经理房间，经理任命他做客房部主管。原来，从一开始进入酒店，经理就有意培养他们做客房部主管，这份工作需要极大的耐心，但是这种品质无法从外表看出，所以经理才想出了这样的办法来考验他俩。果然，不够踏实虚心的杰克在无形的竞争中被淘汰出局了。

在工作中，我们不但要认真仔细，更应该谦虚谨慎，懂得向老同事学习，这样才会达到事半功倍的效果。在现代职场，没有多少人会看重你的知识，人们看中的是你用这些知识解决实际问题的能力。学历并不代表实力，知识也不能代表能力。作为职场新人，虽然你在知识和观念上有一定的优势，但与老员工相比，无论在技能和经验上，还是在综合判断能力上，你都还是新手。

因此，尽管你可以为自己学历高、有天赋而自豪，但你没有理由不保

持谦虚的态度,更没有理由表现出一种高高在上的优越感。

生活中有这样一种人,他们不愿意在平时一点一滴地把事情做好,不愿一步一个脚印地锻炼自己,而奢望有朝一日"一鸣惊人",做出一番惊天动地的大事业,转眼间便可一举成名,名扬天下。不客气地说,这只是幼稚者的幻想。常言说:不积小流,无以成江海。不难设想,那种平时"拔一毛而利天下"也不为的人,那种好高骛远、不做实事的人,那种不行"小善"、空想"大善"的人,是绝不能成为有出息的人的。

《后汉书》中写了一个名叫陈蕃的人,他是个踌躇满志的少年,当时独居一处。一天,他父亲的一个朋友薛勤来访,见他的屋里、院里脏得实在不像话,问他为何不去打扫,陈蕃振振有词地说:"大丈夫处世当扫除天下,岂止扫一室?"薛勤反问他:"连一屋都不肯扫,你又怎样扫天下?"问得他张口结舌,无话可答。

"扫一屋"虽然不足挂齿,然而,薛勤将它与"扫天下"联系起来看,认为不愿扫一屋的人,便不可能扫天下,这见解是对的。你想,小事都不愿去干,怎么能干出大事?

总之,小事情成就大作为,任何有成就的人,都是乐意"善小而为之",并且自觉做到"不以善小而不为"的。

心灵悄悄话
XIN LING QIAO QIAO HUA >>>

"小善"尚且不去"为",怎么能为"大善"呢?

任何事物都有一个从量变到质变的过程。古人曾说:"合抱之木,起于毫末;九层之台,起于垒土"。积少可以成多,积小可以变大。

低薪水换来高待遇

在职业生涯中,你不要在乎薪水的多少。不管怎样,都要尽力做好自己的本职工作。如果你用心工作,不断地提高自己所在岗位的专业技能,不断地发掘自己的潜能,最终会迎来更大的回报和更多的发展机会。

职场生活告诉我们这样一个事实:越发不看重薪水的人,越发认真付出的人,就能够更快地获得发展的机会,就能够得到更高的待遇。

年轻人在工作的一开始就应该明白,做任何事情都必须遵循以下原则:不要在乎薪水的多少,要尽力做好自己的本职工作。如果你的工作做得不好,这不仅仅是欺骗上司,更是在欺骗你自己。如果你不能圆满地完成你的工作,你对上司所造成的损害远远没有对你自己造成的危害大。然而,如果你用心工作,不断地提高自己所在岗位的专业技能,不断地发掘自己的潜能,最终会迎来更大的回报和更多的发展机会。

一代企业家齐瓦勃的成功就是得益于此。

从前在宾夕法尼亚的一个山村里,住着一位卑微的马夫,后来这位马夫竟然成了美国最著名的企业家之一。他就是查尔斯·齐瓦勃先生。

齐瓦勃先生是如何获得成功的呢?他的成功秘诀是:每谋得一个职位,他从不把薪水的多少视为重要的因素。他最关心的是新的位置和过去的位置相比是否前途和希望更远大。

他最初在钢铁大王安德鲁·卡内基的工厂做工,当时他就自言自语地说:"总有一天,我要做到本厂的经理。我一定要努力做出成绩来给老板看,使老板主动来提拔我。我不会计较薪水的高低,我只要记住:要拼命工作,要使自己的工作产生的价值远远超过给我的薪水。"他下定决心

后，便以十分乐观的心情愉快地工作。在30岁时，他成了卡内基钢铁公司的总经理，39岁时，他又出任全美钢铁公司的总经理。

齐瓦勃只要获得一个工作，就决心做所有同事中最优秀的人。当同事抱怨待遇低微时，齐瓦格却把注意力集中在工作上。他明白，目前的待遇多或少，与他将来注定要获得的财富相比，是微不足道的，计较这几美元是很无聊的。他看清了周围人的卑微愿望和平庸命运，在自己的卓越之路上默默努力。他做任何事情都保持乐观的心态、愉快的情绪，他在业务上尽可能做到尽善尽美、精益求精。人们习惯于把难度高的事情都交给他来处理，他渐渐成了公司的主心骨。

一个有崇高目标、期望成就大业的人，总是不停地超越自我，拓宽思路，扩充知识，敞开生活之门，希望比周围的人走得更远。他有足够坚强的意志，激励自己做出更大的努力，争取最好的结果，只有这样，才能低薪换来高待遇。

绝不能这样想："照着上司的吩咐，按部就班就可以了。"过于计较自己付出的劳动是否超过了报酬，这样的人即使偶尔得到升迁的机会，发展的空间也会非常有限。

很多事情不需上司吩咐，就可以去做。不计较报酬，激励自己做出更大的努力、争取最好的结果的员工，前途才是不可限量的。

现实中的许多年轻人确实太看重眼前的小利益了，一开始工作时，就抱怨公司给的待遇过低，或者认为自己的职位没有多少发展前途而不努力工作，结果失去了更多的机会。在实际工作中总是计较自己的小小得失，结果却与真正的胜利失之交臂。这也是他们成不了真正杰出的人物的原因所在。

有一位纽约的百万富翁托尼的一个人生片段值得我们学习：

托尼小时候家里很穷，所以他还是个孩子的时候就出来工作挣钱、养家糊口了。十几岁的他与纽约的一家织物类的大商店订下了一份工作合同，他在那个商店工作5年，每周的工资是7美元50美分。托尼有了工

作后非常勤奋刻苦，尽心尽力为商店工作。到了第三年年底，因为他的努力付出，他判断货物质量的工作技能得到了很大的提高，另外一家公司想以年薪3000美元的待遇聘请他，并承诺派他到国外当采购员，但托尼并没有去那家公司，也没有向自己的老板提起过这件事。虽然他与老板订下的协议只是口头上的，但在还没有到期之前，他不会提出提前中断协议的要求。他要对自己的承诺负责，对自己的工作负责。所以，他没有接受另一家企业的高薪聘请。

结果，不到5年，托尼就成了所在商行的合伙人。在合同期满之后，商行给他的年薪是10 000美元。

其实，我们去一个公司工作，老板不会在相当短的时间内就能够对我们产生信任并加以重用，这需要一个过程，甚至这个过程要好几年，所以许多人就会挺不过去，就在自己的职位上坐不踏实，想跳槽，想另谋高就。一听到哪里有更好待遇的工作，便撕毁合同飞奔而去，因而错过了更大的机会。

总之，低薪水能够换来高待遇。这就需要我们一定要了解自己公司的使命，要明白自己的长处。当我们带着一种使命感去工作的时候，我们就将获取无穷的工作动力；当我们为了使命而非为了金钱工作的时候，我们就不仅能够获得更多金钱，还能获得更多的实现自我价值后的成就感和幸福感。

心灵悄悄话
XIN LING QIAO QIAO HUA >>>

作为一个职员绝不可养成非监督逼迫不能好好工作的恶习。无论上司在不在，都要忠于职守、全力以赴，工作不是装样子给上司看，而是为自己的发展创造条件。

成就他人就是成就自己

在平时的工作中，我们大部分人都是要求上进的人，所以，我们总会表现出积极努力的一面。有机会的时候，总会去努力争取，凡事也都想比其他同事做得更好，以此来显示自己的能干，博得更多晋升加薪的机会。但往往许多时候我们并不那么顺利，不但得不到展现自己能力的绝好机会，还要做他人的垫脚石，这时候，许多人也许就会很不平衡很不开心了，凭什么机会没给我而给了别人？又凭什么要我去配合别人工作、成为别人往上爬的梯子？

张强应聘到公司任职时，部门经理对他有戒心。因为张强各方面明显比他强，部门经理是自学成才的"土八路"，张强是海外归来的"洋博士"。张强一上班，部门经理就拍拍他的肩膀说："老弟，我随时准备交班"，眉宇间透露出一丝悲凉。可张强知道自己的身份，部门经理是上司，他是经理的助理，他们之间是上下级的关系，而且张强也没有"抢班夺权"的歹念。

于是张强在大智若愚上做点文章，以消除上司对他的戒心。因为如果张强稍有张扬，他的才气就会喷涌勃发，立刻会反衬出上司捉襟见肘的尴尬。在业务会上，张强对自己的真知灼见、远见卓识有意打下埋伏，留下思维的空间给经理做总结。平常张强尽量表现"俗"一点，收起他的锋芒，经常向经理请示汇报，不擅自做主，特别是一些决策性的工作，张强都等经理表态。有一次，经理出差不在家，有一笔生意其实张强看得很准，肯定能赚大钱的，他还是向选在千里之外的经理请示，说自己吃不准，请经理定夺，把"功劳"让给经理。经过一段时间的相处，经理对张强消除

了戒心，他把好多重大的决策权都主动下放给张强，使张强能纵横驰骋地发挥自己的才华，没有后顾之忧。

一般说来，大多数的人对于在运气、性格和气质方面被超过并不太介意，但是却没有一个人（尤其是领导）喜欢在智力上被别人超过。因为智力是人格特征之最，冒犯了它无异于犯下弥天大罪。当领导的总是要显示出比其他人高明，处处为上。因此，有时作为下属的你取得了上司得不到的某种利益及好处时，会使上司受到冷落，面子挂不住。这时就需要你有舍得分享功劳的勇气，给上司某种心理补偿，让他得到平衡，如听得最多的莫过于"在××的指导下，我取得了成功"云云，来点谦虚和韬晦。在无比神奇的自然界里，就有这样一种被称为是最乐于助人的寄生虫：

这种寄生虫叫缩头鱼虱，它属于甲壳类动物，是鼠类的近亲，它有着钩状的爪子，可以把自己牢牢地固定在丝笛鲷的口腔内。一旦在那里安营扎寨，它就会悄无声息地吞食宿主的舌头。没有了舌头的丝笛鲷无法进食，按理说只有死路一条了。然而，这同样会威胁到缩头鱼虱的生命，因为这样一来它就什么也吃不到了。怎么办呢？这个缩头鱼虱真可谓是绝顶聪明，居然想出了一个绝妙的解决办法：自己乖乖地匍匐在丝笛鲷的口中，充当起了宿主的"舌头"。这样一来，丝笛鲷就可以继续生存下去了，而缩头鱼虱也可以在宿主进食的时候分得一杯羹，快快乐乐地生活下去。

正如这个叫作缩头鱼虱的寄生虫一样，它们是实实在在的别的动物的"垫脚石"，作为寄生动物，它们对自己的这种生存状态心满意足。因为，它们在充当丝笛鲷的"舌头"的时候，它们自己也得到了维持生命的营养。这种互利互惠的行为，何乐而不为呢？

很多时候，"施"比"受"更有福，放弃一些而给他人多一些利益，也是为了成就自己更大的事业。

只是令人感到可惜的是，现实中的许多人仍旧不懂得此理，只是一味

地想得到，乐于获取，喜欢将已有的一切牢牢地掌握在手中，恨不得把所有的好处都捞到自己身上。他们不愿为他人付出，不想为他人让一小步，结果呢？却事与愿违，可能自己什么也得不到。

我们经常在电视剧中会看到这样的场景：两个人同在一个公司，为了某个诱人的职位或是某些个人利益，他们会明争暗斗，使出各自的招数，力求打倒对方，最终把对方赶走，自己取得了想要的利益。但是，这样的好景不长，很快，事情的真相就暴露了，结果，那个自以为胜利了的人最后又落得个丢了工作、遭人唾弃的下场。这便是典型的害人终害己的职场故事。其实，现实的职场中这样的真实故事又何尝少见呢？

有一只狐狸正惊慌失措地跑进一个村落，此刻，长途的奔跑让它喘得上气不接下气，四肢发软，狼狈万分。一只鹦鹉看到了它，便亲切地问道："狐狸先生，您这是怎么啦？"狐狸一脸焦急恐惧，浑身颤抖着说："后……后面有一大群猎犬啊，它们正在拼命地追我！"

鹦鹉听了着急地大叫道："哎呀！那你还不赶快到村口的玛莎大婶家躲一躲！她人最好，一定会收留你的。"狐狸一听，说："玛莎大婶？不行不行，前两天我还偷吃了她家的鸡，她才不会收留我呢。"

鹦鹉又说："没关系的，你可以去济慈大爷家避一避，快去吧！"狐狸依旧迟疑着，说道："济慈大爷也不行，几天前我偷吃了他孙女养的金丝雀，他们一家正痛恨我呢。"

鹦鹉转了转小脑袋，说："那你就去投靠温斯顿大夫吧，他是这村里唯一的医生，非常有爱心，一定不会见死不救的。"狐狸非常难为情地说："那个温斯顿大夫吗？上次我到他家里，把他仅存的几块肉片吃得一干二净，还把他家院子里的郁金香给踩坏了，我可没脸去找他帮忙。"

鹦鹉这时也没辙了，急急地问道："难道这个村子里就没有你可以依靠的人了吗？"

狐狸答道："肯定没有一个人会帮我了，我平时没少害大家啊！"鹦鹉摇了摇头，无奈地道："唉，那么，我也救不了你了。"

最后，这只平日里耀武扬威的狐狸很快被猎犬给逮住了。

故事中的狐狸真是做尽了坏事，结果在自己身陷危难之时没人会帮一把。我们不禁想到，我们以什么样的方式待人，别人也有可能会以同样的方式对待我们。当我们遭受挫折和失意时，我们就没有资格去指望他人会对我们有所怜惜，更别指望别人会帮我们的忙。

这样一比较，我们就会明白：多付出，甘愿为他人作嫁衣是值得的。因为，任何时候，人与人之间都是一种互惠的关系，有付出才会有回报，有舍才会有得。

心灵悄悄话
XIN LING QIAO QIAO HUA >>>

成就他人就是成就自己。或许许多人会觉得给他人做垫脚石是受了委屈。其实从根本上来说，这是一种互利的行为，在我们帮助他人做出成绩时，我们自己也会在无形中得到锻炼和提高，最终也会帮助我们自己走向成功。

忠诚于自己的老板

忠诚是一个人对自己坚守的信念的忠实和虔诚，忠诚是对一个人品德的最高评价。忠诚是一种责任，是一种义务，是一种操守，更是一种难得的品格。我们每一个人都有责任去信守和维护忠诚。恋人之间要忠诚于爱情，朋友之间要忠诚于友情，而员工当然也要忠诚于自己的工作。

忠诚敬业的人无论走到哪里都会得到他人的信赖，无论从事什么工作都会有成功的机会。如果把工作比作航行在大海中的轮船，忠诚敬业之人就是那永远都能掌握好方向的舵手。他总是能够坚守着正确的方向，纵使大风巨浪袭来，他们也能镇定自若、全力以赴。而船舵掌握在这样的人手里，航船就能驶得更远，顺利到达理想的彼岸。

凯蒂是一家公司的秘书，她的工作就是整理、撰写和打印一些材料。也许很多人都会认为她的工作单调而乏味，但她并不这样认为，她觉得自己的工作很好。她说："检验工作的标准不是你做得好不好，而是你是否可以发现别人没有发现的工作中的缺憾。"

她每天认真仔细地做着这些工作，做久了，她发现公司的文件中存在着很多问题，甚至公司的一些经营策略也存在问题。于是，她除了做好自己的本职工作外，还细心地搜集一些资料。甚至是些过期的资料。她还查询了很多有关经营方面的书籍，把这些资料整理分类，然后进行分析，写出了一份分析报告。然后，她把打印好的分析报告和有关证明资料一并交给了老板。

老板读了凯蒂的这份分析报告，感到非常吃惊。他很难相信一位年轻的女秘书居然有这样缜密的思维，能够分析得这么井井有条、细致入

微。老板为有这样的员工而感到十分欣慰。他觉得这样的员工是公司里不可多得的人才,也是公司的骄傲。

后来,凯蒂的很多建议都被公司采纳了。当然,凯蒂很快得到了老板的重用,得到了晋升。虽然凯蒂觉得自己只比正常的工作多做了一点点,但是老板却觉得她为公司作出了卓越的贡献。

如本例中的凯蒂小姐一样,虽然她只是一个普普通通的小秘书,但她忠诚于公司,以公司的大局出发去做本职工作以外的许多事,并能够提出自己的良好建议,最终为公司作出了很大的贡献,她本人也得到了老板的嘉奖和提拔。

相反,最遭人憎恶的就是那些背叛自己的亲朋好友、公司老板甚至是背叛自己的国家的人。而对于那些忠诚于国家、亲人、朋友和老板的人,人们都会倍加赞赏和拥戴。坚守忠诚,得到的将是荣誉;背弃忠诚,得到的就是耻辱。

一个不忠诚的人到哪个公司都不可能受到老板的欢迎,哪怕他有再出众的才华和能力,他也将得不到任何人的信任。忠诚奉献之心远比能力更为重要。因此,忠诚于公司、忠诚于老板就是忠诚于自己,而背叛公司、背叛老板实质上就是背叛自己,最终的结果也只能是失败。吉曼就是这样的一个人,他自己酿造的苦酒只能他自己喝下去。

吉曼是一家公司的办公室秘书,他能力出众,深受老板赏识,所以有机会常常和老板在一起,自然也知晓公司的许多商业机密。有一天,吉曼公司的一位合作伙伴请他吃饭,席间,他们频频举杯,喝得甚欢。酒喝得差不多之时,这位合作伙伴对吉曼说:"最近我和你们老板正在洽谈一笔很大的合作项目,如果你能够把贵公司的一些机密资料告诉我,这将使我在谈判中赢得主动权。"

"什么? 你居然要我出卖我们公司的商业机密?"吉曼发红的脸骤然间变了色。

这位合作伙伴笑了笑,小声地对吉曼说:"这件事你知我知,不会有

任何第三者知晓，对你也不会造成任何不良影响。"说着，便塞给吉曼一张 10 万美元的现金支票，吉曼稍稍迟疑了一下，便不再坚持，全盘托出了自己公司的所有机密。

事情会怎样呢？在接下来的双方谈判中，吉曼的老板吃了很大的亏，公司损失惨重。老板费尽周折终于查出了此事背后的真相。而原本可以拥有很大发展前途的吉曼不但没有得到一丁点儿好处(他受贿得来的 10 万美元被公司没收)，还丢掉了一份好工作。更可悲的是，他将永远带着这一道德污点，在今后的人生道路上可谓是举步维艰。

事例中的吉曼因为一点小利而背弃忠诚，出卖公司，出卖老板，到最后弄得竹篮打水一场空，还背上了背叛的罪名，他将永远抹不去这一道德污点。

由此可见，无论我们此时从事的是哪一行哪一业，我们唯有全心全意、尽职尽责地工作，才能在自己的工作领域里出类拔萃，取得成功。没有哪一个公司或企业不要求自己的员工忠诚于自己的岗位，努力工作，争创效益。这不仅是企业对员工制定的一种行为准则，更是每个员工应具备的职业道德。可以这样说，只要我们拥有了忠诚和理想，我们的生命就会永远充满阳光。

因此，忠诚是一个员工最大的美德，是通向成功的最佳途径。拥有忠诚敬业这一美德，我们就有机会获得更多的声誉和财富。

心灵悄悄话
XIN LING QIAO QIAO HUA >>>

真正的忠诚敬业不是口头上的。我们要忠诚于公司，忠诚于老板，就要努力地工作，支持自己的老板，为他出谋划策，帮助他找出并避免管理上的漏洞，让公司的业务越来越好。对于任何一个工作者来说，其最大的忠诚莫过于尽自己最大的能力去认真做好本职工作。

不求公平求效率

　　企业作为最大利润谋求者，与追求"公平"相比，它更喜欢"效率"。在一个公司内部，如果没有适当的等级制度和淘汰制度，它就会因为自己的"仁义"而失去竞争力，就会在竞争中遭到淘汰。因此，在现实生活之中，永远不会出现你想象中的那种绝对"公平"。

　　公平，这是一个很让我们受伤的词语，因为我们每个人都会觉得自己在受着不公平的待遇。事实上，这个世界上没有百分之百的公平，你越想寻求百分之百的公平，你就会越觉得别人对你不公平。

　　美国心理学家亚当斯提出一个"公平理论"，认为职工的工作动机不仅受自己所得的绝对报酬的影响，而且还受相对报酬的影响。人们会自觉或不自觉地把自己付出的劳动与所得报酬同他人相比较，如果觉得不合理，就会产生不公平感，导致心理失衡。

　　公平是相对而言的，衡量公平的标准也不是一成不变的。当你换个角度来看问题时，你会发觉自己得到的比失去的要多。不公平是一种进行比较后的主观感觉，因而只要我们改变一下比较的标准，就能够在心理上消除不公平感。

　　定一禅师修行多年，佛法精深。一次，一个弟子向他请教什么是公平。禅师想了想，给他讲了一个佛经中的故事。

　　有两个魔鬼朋友，他们共同拥有一个竹箱、一根手杖和一只鞋子。很多年来，他们相处得非常开心。突然有一天，他们却为了这些东西的归属问题争得不可开交。

　　"当年这些东西是我先发现的，理应归我所有！"年纪较小的魔鬼

叫道。

"你懂不懂规矩？按照我们魔鬼界的规矩，后辈发现东西应该交给前辈，所以这些东西应该归我！"年纪较大的魔鬼倚老卖老地说。

年轻的魔鬼听了非常气愤，也不再和年老的魔鬼讲道理，上前就打，年老的魔鬼一边躲闪，一边瞅准时机还击。

正在这时，一个路人恰巧经过，看到他们边打边吵，却是为了一个竹箱、一根手杖和一只鞋子，不禁非常好奇，他说："二位真是可笑！这个破竹箱能装什么东西？这个破手杖也不能支撑身体。至于这只单个的鞋子，又不能穿着走路。你们至于为了一堆破烂大打出手吗？"

"你懂什么？这三样东西看起来虽然无用，但无一不是神奇的宝贝！只要你对着这个竹箱大喊一声，无论是漂亮的衣服、美味的食品，还是值钱的珠宝，它都能立即给你整箱整箱地变出来，满足你的需求。"年轻的魔鬼解释道。

"这个手杖是天下无敌的利器，有了它，佛祖也要怕你三分。至于这只破鞋子就更厉害了，只要穿上它，你就可以上天下地无所不能，谁也抓不到你。"年老的魔鬼补充道。

原来如此！路人听了不禁怦然心动，但他装作若无其事地说："原来是这样。我看二位这样争来吵去也不是办法，不如让我为你们作一个公正的评判，决定这三件宝物应该属于谁，至少也能把它们平分给二位。"

"太好了！听说人类的智慧比我们强多了，心地也比我们善良，就请您公平地为我们判决吧！"两个魔鬼充满信任地恳求道。

"那好吧！既然你们这么信任我，我就勉为其难。现在先请二位向后退几步，我好方便把宝物平均公正地分给二位。"路人说着，脸上露出一丝不易察觉的奸笑。

两个魔鬼听完。下意识地各自退了几步。路人看到后，赶紧冲上前去，左手抱起箱子，右手拿起手杖，一只脚穿上鞋子，瞬间飞腾而去！两个魔鬼终于明白了是怎么回事，他们气急败坏地大骂："你这个骗子！你怎么可以言而无信，你不是说要公平地给我们分配宝物吗？"

"哈哈哈，两位为了这些东西争来斗去，不肯做丝毫让步，谁能够给

你们平分？为了让你们觉得公平，我只好委屈自己，代为保管这些宝贝啦！你们现在谁也得不到.这不是很公平吗？谢谢两位了！"空中传来了路人的声音，两个魔鬼气得说不出话来。

定一禅师其实是在告诫弟子：世事没有绝对的公平。一味地追求公平，只会让人心理失衡；一味地为了公平而争斗，只会让我们失去更多。不知共存共荣之道，必然是鹬蚌相争，两败俱伤。只有抛弃私心、彼此包容，才能够有所得、有所乐。

对于职场上种种不公平的现象，不管你喜不喜欢，都是必须接受的现实，而且你最好主动地去适应这种现实。追求公平是人类的一种理想，但正因为它是一种理想而不是现实，所以作为职场人，你除了适应，别无选择。

但在现代职场上，永远也不会有绝对的公平出现！道理很简单，无论社会进步到什么程度，企业管理如何科学化，企业内部永远是个金字塔结构。既然是个金字塔，就必然会有上下之分，就必然会有不平等的现象存在。企业作为最大利润谋求者，与追求"公平"相比，它更喜欢"效率"。在一个公司内部，如果没有适当的等级制度和淘汰制度，它就会因为自己的"仁义"而失去竞争力，就会在竞争中遭到淘汰。因此，在现实生活之中，永远不会出现你想象中的那种"公平"。

心灵悄悄话
XIN LING QIAO QIAO HUA >>>

职场人首先要摆正心态，不必事事苛求百分之百的公平，对生活中的小事看开一点儿，不要斤斤计较，对已经过去的事情不要耿耿于怀，而要把精力和时间放在追求效率上。这样，就单个事情来说不一定公平，但从整体上来说就公平了。

看轻自我，成就未来

作为一名职业者，千万不要把自己看得太重，觉得自己很了不起。抱有这样心态的精神贵族，职业生涯不会一帆风顺！

法国著名作家罗曼·罗兰曾经说过，能够看到自己渺小的人，才能成就自己的伟大。一个人正视自己非常重要，但是同时不要太把自己当回事。如果你太看重自己，把自己看得太有水平、太有能力，往往好高骛远，眼高手低，其结果什么事情都做不了。

人要自尊、自重，但不能自大、自狂。自以为是、骄傲自大是阻碍一个人进步的最大障碍。而通常有些自以为是的人、太把自己当回事的人，他们的命运真的是应了那句老话：心比天高，命比纸薄。"心比天高"是因为这种人把自己看得过高了，认为自己什么都行，什么都比别人强；工作中该做的都做了，还比别人做得好，提干该有我，涨工资有份，评先进跑不了。"命比纸薄"是结果：什么也没有捞到。因此，牢骚满腹，怨声不绝。

善于看轻自我，其实是一种高明的人生策略，它需要豁达的胸怀和冷静的思考。善于看轻自我的人，懂得自己只是芸芸众生中的一分子，懂得脚踏实地从基本的事情做起，不会自高自大，不会自命不凡，不会好高骛远。

看轻自我，就是以一种平和的心态面对人生，不以物喜，不以己悲，不为凡尘中的各种搅扰、牵扯、烦恼所左右。一个自高自大的人，往往看不到别人的优秀；一个愤世嫉俗的人，自然领悟不到世界的精彩。一个人富有了，却还不忘看轻自我，他将不会自傲和奢侈；一个人身居高位，仍能看轻自我，他将不会专横和贪婪。

何晶是新加坡总理李显龙的夫人,随着李显龙的宣誓就职,何晶也开始走到了新加坡的政治前台。何晶是一位精明能干却始终保持低调,尤其不愿被媒体曝光的商业女强人,因此对于她的身世和成就,在新加坡鲜为人知。如今,随着夫君正式宣誓就职,何晶不得不开始在媒体面前"曝光"。不过,如果我们稍加留意就不难发现,在美国《财富》杂志首次选出的亚洲25位最具影响力的企业家排行榜上,何晶排名第18位,与索尼集团行政总裁出井伸之、日本丰田汽车社长张富士夫及香港富商李嘉诚齐名。只是当时并没有多少人将她与李显龙联系在一起。

身为新加坡官方最重要的投资控股公司——淡马锡控股公司执行董事的何晶,目前掌管着新加坡遍布全球各地的数百亿美元资产。淡马锡控股公司成立于1974年,下辖大型企业包括新加坡航空公司、新加坡电信、新加坡发展银行乃至世界有名的新加坡动物园等。

新加坡虽然是一个小国,但在亚洲来说却是一个经济强国。作为新加坡的第一夫人,何晶却喜欢朴素装扮,她经常留着一头短发。喜欢舒适朴素装扮的何晶,曾在美国接受电子工程教育,因此她也是一位出色的政府学者。在1985年嫁给李显龙时,何晶正在新加坡国防部任职,当时李显龙则以准将一职自军中退役。

当记者问她为什么这么低调时,何晶给记者讲了一个寓言故事:

两只大雁与一只青蛙结成了朋友。秋天来了,大雁要飞回南方,三个朋友舍不得分开。大雁对青蛙说:"要是你也能飞上天多好呀,我们可以经常在一起了。"青蛙灵机一动:它让两个大雁衔住一根树枝,然后自己用嘴衔在树枝中间,三个朋友一起飞上了天。地上的青蛙们都羡慕地拍手叫绝。这时有人问:是谁这么聪明?那只青蛙生怕错过了表现自己的机会,于是大声说:"这是我想出来的……"话还没说完,它便从空中掉下来了。

其实,不把自己太当回事,过一种坦诚而平淡的生活,并不会有人把

你看成卑微、怯懦和无能的。如果过分地显露自己，看重自己，就有可能像那只青蛙一样，不自量力，从天空中掉了下来。

能够看轻自我，是一种风度、一种修养。一个人要想以清醒的心智和从容的心态愉悦地走过人生，就必须看轻自我。只有把自我看轻些，才会不断否定自我，才能不断加强自身修养，不断地充实、完善自己，缔造完美的人生。善于看轻自我，就是能看到自己身上的缺点和不足，然后付诸行动，不断克服自己的弱点，不断丰富自己的学识修养和阅历，使自己的人生得以升华。在这个世界上，每个人或许都有许多值得自诩的地方，但如果骄傲自大，不仅会令人生厌，而且可能会自毁前程。而看轻自我才是一种大智慧，它并不是怯懦，也不是自卑，它是进取中的放低姿态。要知道昂首挺胸是跑不快的，只有放低姿态才能跑得快，也能跑得远。

18 世纪美国最伟大的科学家和发明家本杰明·富兰克林，年轻时曾去拜访一位前辈，年轻气盛的他，昂首挺胸迈着大步，却在进门时撞在门框上。迎接他的前辈见此情景，笑笑说："很疼吧？可是，这将是你今天来访的最大收获。"

一个人要想有所作为，就必须放低姿态，时刻记住低头、再低头。记住低头，就是要记住不论你的资历、能力如何，在社会里，你无疑是渺小的，要在生活和工作中保持低姿态，把自己看轻些，把别人看重些，把奋斗的目标看重些。上面说的本杰明·富兰克林在撞到门框后从中领悟到了深刻的道理，并把它列入了人生的准则之中，使他成就了一番伟业。

拥有投资管理学位的钱严大学毕业后去找工作。在一次人才交流会上遇到了一位老板，老板对他说公司目前虽然不大，但可以付出他充分施展个人才华的空间和机会。于是钱严满怀雄心壮志进了这家投资咨询公司。

老板并未食言，钱严上班 3 个月后就被任命为公司市场部的副经理。这是一项难度较大也相当重要的工作，但钱严没有畏惧，他有闯劲，再加上丰厚的专业知识打底，逐渐得心应手起来。

一年后，钱严新拓展过来的客户竟占了公司新增客户总量的一半以

上。老板很高兴,时不时拉上他去喝酒,公司有什么重要活动,都要把他带上。钱严深受老板的器重,于是有些人私下里说,钱严不久就会是市场部经理。钱严自己也以为如此。老板越器重他,他越觉得自己在这个公司的重要性是无人可比的。他踌躇满志地等待着再一次的升迁。

不久,市场部经理离开了公司,但出人意料的是,老板并没有让钱严接替那个位置,而是花高薪从一家证券公司挖了一个人过来担任了市场部经理。这让钱严很不解,也非常气愤。一连几日,钱严都带着情绪来上班,工作效率大大降低。老板看在眼里。有一天老板把他叫到办公室,说让他休息一个星期,调整好自己的心态。

钱严心想:正好,没了我,要不了两天,公司就会乱套。到那时,老板一定会忙着把他请回来。但这样的情况并没有发生。

一周后,钱严回到公司,公司一切如旧,运转正常。当他去老板办公室销假时,老板放下手中的文件,站起来,热情地拍拍他的肩膀,笑着问:"休假结束了?其实你的能力我是看在眼里的,但如果一个人把自己看得太重,就会因为骄傲自大而失去团结协作的能力。看轻自己,才会进步得更快。"

听后,钱严原本郁闷的心情忽然轻松开来。经历了这次教训,终于让他明白了那句美国谚语的含义:天使能够飞翔,是因为把自己看得很轻。后来钱严因为把自己的位置摆正了,态度有了极大的转变,终于在两年后成为市场部经理。

把自己看轻,自己给自己减少阻力,才会更快地飞翔。

在职场,一个人只有看轻自己,不过分张扬个性,也不过分放飞自我,才不会产生自满自大心态,才能高调做人低调做事,从而缔造完美的职业生涯。

大多数年轻人在初入职场时,必然要从简单的、初级的事情做起。这时候,唯有高调做人低调做事,才会适应,从而为自己赢得更大的发展空间和更多的成长机会。

很多人在选择工作的时候,总是挑三拣四,觉得这份工作"配不上"

自己的学历，或是认为以前这么优秀的自己怎么能做这种工作。其实工作的价值完全由自己的心态决定。如果你认为它很崇高，它就会变得崇高；相反，你觉得它卑微，它一定就会卑微。一个人的职业起点可以低，但人生的境界却不能低。起点低，如果境界高，哪怕是当清洁工，也同样能获得许多机会。

在现代职场，没有多少人会看重你的学历文凭，人们看中的是你用所学知识解决实际问题的能力，看你对组织的奉献。学历并不代表实力，知识也不能代表智慧。作为大学生，虽然在知识和教育程度上有一定的优势，但与老职员、老同事相比，无论在技能和经验上，还是在综合判断和处理问题的能力上，可能还存在一些差距，我们还是新手。因此，要想在职场求得一席之地，就要培养自己的良好心态。这就是要求我们一要认真，将自己的本职工作做得尽善尽美；二要谦虚，虚心向领导、向老同事学习；三要低调，不要刻意炫耀自己，张扬自己。

认真，是一个人做好事情所需要的基本态度；谦虚，是一个人不断进步的阶梯；低调，是一个人成熟的表现。我们想要有所成就，这些品质和心态都是必备的内容，也是人生的必修课。一个真正有吸引力的人，从不会刻意炫耀自己。谦虚本身就是一种不可抵挡的吸引力，吸引着别人主动向你靠近，主动与你合作。

许多人都认为，自己是块金子，会永远发光闪亮。其实，每个人不一定都会成为金子，不一定走到哪里都发光；但所有人都能成为土豆，走到哪里都会发芽。扔掉你的光环吧，重新做一颗土豆，就算渺小，却能处处发芽。一个人只有摆脱了历史的束缚，才能不断地迈向未来。

心灵悄悄话
XIN LING QIAO QIAO HUA >>>

只有把自己看轻些，才会不断否定自己，不断加强自身修养，才能不断地充实、完善自我，缔造完美的职业生涯。如果你老是把自己当作珍珠，那么，你最后的结果可能就是别人眼里的沙子。

第六篇 >>>

舍得之间，体现真情

　　俗话说，家和万事兴。和谐的家庭是每个人的期望。对于家庭而言，一份宽容，一份和谐，对家庭成员，该放手时就放手。对老人多一点孝敬，对爱人舍得一点体贴，舍得让孩子犯一些错误，在舍得之间体现你的真情，收放自如，获得美满的家庭。

　　徐志摩说："吾会寻觅吾生命灵魂唯一之所系。得之，我之幸也；不得，我之命。"我将会寻找生命中最珍贵的可以用灵魂相知的东西——伴侣，事业，信仰，追求等。追求到了，那是我的荣幸；追求不到，那也是我的命运。

为对方着想，收获甜美爱情

为对方着想就是从对方的角度看问题、想问题，我们就能找到两个人都可以接受的解决办法。或许你站在自己的角度思考问题的时候，你只想到了适合自己的办法，但是你在为对方着想的时候，你就可以找到两全其美的办法。同时，你付出了，也会有丰厚的回报。你为对方着想，对方也会为你着想。两个人的关系就会融洽得多。对方也会愿意为你付出，因为你愿意为他付出，所以他也愿意为你付出更多。

许多失败的婚姻根源就在于双方只知道要求得到对方的爱，却没有真诚地为对方着想。他们不知道自己的另一半在想什么，工作状况怎样，什么事情让他愁眉不展，不知道他有哪些朋友……这或许可以称为一种"空间"或者"自由"，但是这种空间和自由的本质却是一种漠不关心。

人与人之间相处时间长了，难免就会起摩擦或争执，如果不能站在对方的立场着想，不管是夫妻、兄弟姐妹或朋友，那么都会陷入情感破裂的危机。

巴德尔斯·阿道夫曾经说过这样一句话："有许多使家庭间感情恶化的原因，不一定起因于经济，也不全因为谁不爱谁，或许只因为双方互相猜忌，不能彼此谅解，又不肯好好检讨自己，于是误会加深，怨恨也就愈结愈深，无法平息了。"

朝佛罗说："你打算怎么做，一切都在你。不要犹豫，不要迟疑。镇静，确认自我。"

这种做法就好比是一面镜子，你为对方付出多少，对方也就能为你付出多少。

想修复彼此的关系，和好如初，除了多替对方着想外，别无他法。下

面这对夫妻就是这样,为对方着想,挽救了一段即将走到终点的爱情。

一次,夫妻二人决定坐下来好好谈谈。

妻子说:"你有多久没有回家吃晚饭了?"

丈夫说:"你有多久没有起床做早饭了?"

妻子说:"你不回家陪我吃晚饭,我有多寂寞啊。"

丈夫说:"你不给我做早饭吃,你知道上午工作时我多没有精神啊。上司已经批评我好几回了。"

"早饭你可以自己弄的啊,每天回来那么晚吵我睡觉,我怎么能起得来。你可以不回来陪我吃晚饭,我就可以不给你做早饭。"妻子不高兴地说。

"你知道我一天上班有多辛苦,压力有多大? 一顿晚饭,自己吃怎么了,难道你还是孩子,要我喂你不成?"丈夫也没有好气地说。

妻子抱怨说:"你总是喝得烂醉而归,有多久没有给我买花,多久没有帮我做家务了?"

丈夫也不甘示弱地说:"你知道你做的饭有多难吃,洗的衣服也不是很干净,花钱像流水,有多久没有去看我的父母了……"

就这样,夫妻二人你一句我一句地互不相让,最后竟翻出了结婚证要去离婚。

在去街道办事处的路上,他们遇见了一对老夫妇正相互搀扶慢慢走着。老妇人不时掏出手帕给老公公擦额头上的汗,老公公怕老妇人累,自己提着一大兜菜。这对年轻夫妇看到这个情景,想起了结婚时的誓言:"执子之手,与子偕老。休戚与共,相互包容。"可是现在竟然……

于是他们开始互相检讨。丈夫说:"亲爱的,我真的很想回家陪你吃饭,可是我实在工作太忙,常常应酬,但并不是忽略你啊。"

妻子不好意思地说:"老公,我也不对,不应该那么小气。你在外工作挣钱不容易,早上我不应该赖床不起的。"

"早饭我可以自己热,每天回家那么晚一定吵得你睡不好觉,你应该多睡会儿的。"丈夫忙说,"刚才在家我不应该那么凶地和你说话,我知道

自己身上有很多毛病……"

妻子也忙检讨自己……

就这样，这场离婚风波平息了。从这之后，夫妻俩变得互敬互爱，彼此宽容忍让，更多地为对方着想，恩恩爱爱。其实，导致婚姻失败、爱情终结的常常都不是什么大事，而是一些日常琐碎小事中的摩擦。

爱一个人就要为对方着想。为对方着想，不仅体现在日常相处的点点滴滴，也体现在遭遇不幸的时候。

这是一个现代都市里的浪漫故事，也是一个真实的故事。

男孩得了绝症，女孩辞掉了自己的工作，专心在医院里照顾男孩。他们纯洁的恋情打动了所有的人。

整整两年时间，他们的病友换了一个又一个，有的康复出院，有的长眠不醒。而男孩的病情却不见好转也不见恶化……时间就这样漫无声息地流逝着，而小伙子的生命也渐渐走到了尽头。

一天，主治医生告诉了他们一个沉痛的消息：男孩挺不过这一周了。女孩痛哭失声，而男孩却长长地舒了一口气。

报社的记者们听到了这个感人的爱情事迹都匆匆赶来了。记者们提出给两个人拍一张照片，女孩儿拢了拢自己的头发，准备配合记者拍照，小伙子却拦住了："还是不要拍了吧！"

"为什么？"记者很疑惑地问道。

"将来她还要嫁人呢！我不想影响她以后正常的生活。她过得开心，我才能去得安心。"男孩说完，又长长地叹了一口气。

女孩却狠狠地扑进男孩的怀里失声痛哭了。

第二天报纸上登出的是女孩的侧面照，一张美丽得让人心碎的侧影。而标题则是：世界上最美丽的爱情。

这就是真正的爱情，时刻为对方着想。故事中的男孩，在生命的尽头能为女孩做的最后一件事就是保住她的名节，让她以后的人生道路走得

更加顺畅。男孩给我们留下的一个启示就是：爱一个人就多为他着想，这样做你也会得到他更多的爱。

其实，每个人都是独立的个体。对于爱情每个人都有自己的一个理想和自己的一片天空。所以，你高兴的时候对方不一定会和你一样高兴，而你伤心的时候，别人也不可能陪你一起伤心。心情不同，所处的立场不同，遇到事情时的反应也就会不一样，想要做的事也不同。

当然，这个时候，你就得为别人考虑一下了。如果你只考虑自己的感受，多少会遭到对方的反感。即便对方很能理解你的感受，也会多少带着不太情愿的情绪来适应你。即便一次两次可以，那么三次四次就不行了，必定会给人一种自私的印象。迟早，对方不再适应你。因为强行压抑自己的情绪来适应别人是一件很难、很累的事情。所以，我们应该学会为对方着想。对方有不开心的事，即便这时你很兴奋，也要尽力控制自己的情绪，不要拿对方开玩笑，而要安慰对方。因为人在受伤的时候是最脆弱的时候，千万不要在这种时候往别人的伤口上撒盐。对方遇到难办的事，多替对方出出主意，不要拿对方的不幸寻开心。

心灵悄悄话
XIN LING QIAO QIAO HUA >>>

爱一个人，就要时刻为对方着想。为对方着想，在对方不开心的时候安慰对方；在对方受伤的时候，不要再注伤口上撒盐，或拿对方的不幸寻开心；在对方奋斗的时候，能同甘共苦，助一臂之力；在对方辉煌的时候，和他（她）一起分享成功的快乐……

给爱留点空间

其实，为爱付出非常重要的一点就是要给对方足够的私人空间，而不是去套牢和束缚对方。再圣洁再炽热的爱情也是需要私人空间的。我们不能说爱一个人，那个人就应该完全附属于自己。真正的相爱不是一种附属的关系，而应该像两棵彼此独立的大树一样，肩并肩、手牵手共同去承担和应对生活中的一切困苦和风雨。

对于爱情而言，该放手时就放手。一个明智的人，应该懂得收放自如，给对方一定的信任，给对方留有一定的空间。只有这样，爱情才能健康成长。因为爱情如花儿，需要无处不在的呵护，同样也需要亲密有度的空间。

某一天的早晨，张先生在临出门之前，突然说，今天和朋友出游。以往，去哪里，张太太不多过问，他也会随口告诉她。可这一次，张先生招呼不打一声就宣布出门，张太太有些生气。出游这件事，一定是事先约的，至少前一天就约好了，他为什么不说一声？他还有多少事瞒她？张太太心里不悦，拦着让张先生说清楚。张先生心里着急，嚷嚷道："我的吃喝拉撒睡，是不是都得给你汇报？"然后摔门而去。

张太太开始赌气，在接下来的好几天里，不管晚回家、和朋友吃饭，还是去娘家，一概不告知张先生，也闭口不问他的一切事情。张先生终于忍不住了，跟张太太说："我现在才知道，你丝毫不在意我，是吗？"

"不是你说吃喝拉撒睡都不用向我汇报吗？"张太太一笑。张先生一愣，也笑了起来。此后，张先生有事外出都会先说一声，让太太放心。

由此可见，无论是男人还是女人，对爱情都应该有一番新的认识：原来爱也需要空间的。原本以为爱就是亲密无间，现在看来是大错特错了。要求对方毫无保留的爱，对自己毫无隐私，自己对心爱的人的衣食住行，事事关心，以为只有这样，爱才能走得更远，牢不可破。殊不知，双方越来越在缩小培育爱情的空间，日见狭隘，试问在这样的土地上能培育出爱情的花朵吗？

俗语说"物极必反"，管得太死，就会使对方产生逆反心理，对方不仅不认为这是爱的表现，反而觉得你太多疑，对自己不信任。你整日疑神疑鬼，他整日提防你，这样的爱会累死人的。在如此狭小的空间里，爱情就会窒息的。

当今社会许多人追求独立，这本无可非议，而且应该大力提倡。一些人把这种独立看成绝对的独立、自由，不允许任何人干涉，一旦别人触及他的某一领域的利益，他往往做出强烈的反应。比如在经济上，独立固然是好的，但独立并不等于说夫妻二人各挣各的钱，各用各的钱，严格划分二人之间的界限；绝不允许对方侵犯一点自己的经济利益。这样的两个人，虽名义上是夫妻，实质在情感上往往形同陌路，非常淡漠。

有这样一对夫妻，丈夫是政府里一个不大不小的官员，妻子是一家国有工厂的工人。丈夫业余时间喜欢动动笔杆子写点东西，或捧着一本书读得津津有味；妻子漂亮热情，业余时间喜欢去舞厅跳跳舞。

起初，丈夫硬着头皮陪妻子去舞厅，但那种灯红酒绿的生活令他眩晕。他怀着厌烦的情绪劝妻子不要再去那种地方，妻子却反驳道："如果我不让你看书，不让你写作，你愿意吗？"

丈夫哑口无言。妻子带着胜利的微笑轻松地哼着小曲走了，房间里只留下妻子身上那种醉人的香水味道。丈夫愣愣地坐在沙发上，一支接一支地吸着香烟。他觉得妻子的理由是靠不住的，读书写字，乃文人雅趣，格调高雅，陶冶人的情操。幽暗放荡的舞厅，三教九流的闲人，有很多是穷得只剩下光棍一人，在那里一起疯狂地摇摆，哪能与读书吟诗的雅事相提并论？

以前，家里的"财政大权"无须商量，自然牢牢地掌握在妻子手中，丈夫在劝妻子戒舞失败后，决心"冻结"妻子的经济来源。起初，他不再将自己的工资交给妻子，认为妻子微薄的工资一定供不起她每日去舞厅、经常换舞鞋以及购买高档化妆品。结果他发现妻子几乎把自己的工资全部花在了跳舞上。妻子每天玩得高高兴兴，回到家中嘴里还哼着轻快的舞曲，于是，他只好另想办法。

他首先从妻子的屋中搬了出来，每日和妻子"横眉冷对"，接着，又将一切家务一分为二，列出清单放到妻子的床头。饭自然由妻子来做，衣自然由妻子来洗，孩子自然由妻子来照顾，哪怕妻子由于工作忙而没时间洗碗，他也绝不动一指头。因为那是"和约"上写明的，各司其职，绝不互相干涉。帮忙，岂不也是"干涉"的一种？至于经济上，他不但自己的钱分文不交给妻子，甚至到妻子的单位，利用他的"领导"身份，将妻子的工资事先领走，妻子找他理论，他却振振有词："以前家中财政大权由你掌握，我说过什么吗？现在由我来管，有什么不可以？"妻子竟也无言以对。

于是，妻子也采取"冷战"政策，丈夫的衣服不洗，丈夫的饭不给做，丈夫的东西全被扔到"丈夫的房间"里，孩子，每人带一天，谁也不肯让步。总之，整个家庭似乎被分成了互不相融的两部分。

最后，妻子干脆辞掉了厂里的工作，自己去租了一组柜台卖服装。由于眼光敏锐，有胆有识，竟然干得有声有色，不久便自己开了一家时装店，办起了公司，财源滚滚而来，远非她昔日那点工资可比。"家"的名存实亡，在她的心中留下了很深的阴影，她决定提出离婚。丈夫起初不同意，并以孩子可怜为由，试图留住妻子，但妻子去意已决，不可动摇。

"我们现在这样生活与离了婚有什么两样？不同吃，不同住，互不干涉'内政'、'外交'，我们跟两个没有任何关系的人有什么区别？缺的只是那一纸离婚证书。"丈夫冷静地想了又想，觉得妻子说的确实有道理，便同意离婚。一个原本很温馨很美满的小家庭就这样解散了。

故事中，丈夫把妻子看作自己的私有财产，干涉对方的社交活动和限制对方的行动，是不明智之举。

每一个男人和女人在没有结合之前，原本是两个完全独立的个体，处于一种"天高任鸟飞"的境界。当两者一旦结合，两个人原有的生活立刻被打破，"挤"成另一个"夫妻本是同林鸟"的狭小世界。两人同在一个屋檐下，挤成一团，不分你我固然甜蜜，可是这种你对我、我对你的随意渗透带来一个新的问题，那就是双方的自我空间被剥夺了。故事中，正是因为自我空间被剥夺，他们的婚姻才走到了终点。

其实，为爱付出非常重要的一点就是要给对方足够的私人空间，放爱一条生路，而不是去套牢和束缚对方。再圣洁再炽热的爱情也是需要私人空间的。尽管两个人同在一个屋檐下，但双方首先应该是彼此独立的个体。我们不能说爱一个人，那个人就应该完全附属于自己。真正的相爱不是一种附属的关系，而应该像两棵彼此独立的大树一样，肩并肩、手牵手共同去承担和应对生活中的一切困苦和风雨。正如著名的当代女诗人舒婷在《致橡树》中所描绘的爱情——"仿佛永远分离，却又终身相依"。相爱的两个人相互扶持、相互鼓励但又相互独立，不失去自我。只有这样的爱情才会像一坛美酒一样，越陈越香。

总之，给爱留点空间也是一种美，它能将两人的爱心拴得更紧。所以说，每个人都需要一些空间，不只是物理的空间，还有心灵的空间。有了这个空间，爱情就能自由成长。

心灵悄悄话
XIN LING QIAO QIAO HUA >>>

夫妻就像两只相互依靠彼此取暖的刺猬，远了，温暖不到对方；近了，会被对方身上的刺扎到，一次次冲突之后，慢慢调整距离。

一分宽容，一分和谐

一分宽容，一分和谐，家和的背后也是宽容。人们一直都很羡慕陶渊明笔下的"桃花源"式的生活，因为那里有最基本的和谐和宽容。

想要"家和万事兴"，家庭里的成员必须要能相互理解、相互体谅、相互尊重、相互宽容。现实中不是每个家庭都是那么和谐，许多家庭都会出现纠纷。有的人善于宽容，用一种退让的姿态来对待纠纷，那么就能大事化小，小事化了；可是有的人却正好相反，一点小事就吵吵闹闹，最后是小事变大，大事就闹翻天。与其这样，还不如在事情刚刚出现的时候就宽容一点，低一低头，那么纠纷就能不了了之了。

宽容不仅能带来和谐，更能拯救家庭，拯救失落的灵魂。下面这位父亲的爱里装满了宽容，这份宽容赢得了家庭的和谐。

30 出头的他，原本在一家外企工作，薪资优厚，前途无量。不幸的是，一场突如其来的车祸夺走了他原本明亮的一只眼睛，当然也夺走了他的工作、他的自尊。由于形象问题，现在的他只能找到一份收入微薄的工作，养家糊口的重担落在了白领妻子一个人肩上。她难免会鄙夷他的"无能"，难免会对他颐指气使。

这些他都能忍，都能够体谅。最糟糕的是，妻子居然开始嫌弃他的老父亲！说他增加了家庭负担，说他拖鼻涕淌眼泪让人看着恶心……一天晚上，她下了最后通牒：这个星期天，必须把父亲送到老年公寓。他不同意，妻子讲她的"理由"，他还是不同意，妻子失去了耐心，大声嚷嚷："那就离婚，你跟你爹过吧！"他一把捂住妻子的嘴说："你小声点，当心让爸

听到。"

第二天早饭时,父亲突然说:"有件事儿我想跟你们商量一下,你们俩每天上班,孩子又上学,我一个人在家太没意思了。我想到老年公寓去住,那里都是老人……"妻子听了,脸上有掩饰不住的窃喜。

他心里一惊,父亲果然听到了!"爸,您就在家……"还没说完,妻子瞪着眼在餐桌下踩了他一脚,他除了无奈,还是无奈。

第二天傍晚,父亲就搬进了老年公寓。为此,妻子还特意做了几个菜,说是为老人送别,实则是在庆贺。

又一个星期天,他准备去看父亲。临出门时,妻子居然叫住了他,说要和他同去,要给他"长长脸",他既高兴又生气。

转眼到了老年公寓,只见父亲与好多老人聚在院子里,原来市卫生局的宣传员正在这里向老人们宣传捐献遗体器官。看到她来,老人眼里满是欣喜,还主动和儿媳打招呼,同时抱起了孙子。

这时,宣传员问大家有谁愿意捐献,很多老人都摇摇头说,自己这辈子太苦了,临死都不能落个全尸,太对不起自己了,不干。突然,父亲站了出来,上来就问了对方两个问题:一是捐给自己的儿子行不行? 二是现在就捐行不行? 面对宣传员诧异的目光,父亲说:"我想捐一个眼角膜给儿子,我已经老了,有一只眼睛就能自理,可我的儿子却因为这只眼睛失去了多少机会啊! 只要能把我儿子的眼睛治好,我就是死在手术台上也行……"所有的人都沉默了,所有的人都看着饱经沧桑、老泪纵横的父亲,眼睛里全是敬佩。他走上前去,紧紧地抱住了父亲。他的妻子,则深深地低下头来。

良久,他松开父亲,把妻子叫到一边,郑重地说:"不管你同意不同意,今天必须把爸接回去。如果你不同意,我已经做好了最坏的打算……"

"别说了,过去是我不对,我本想今天晚上跟你说的。"妻子打断了他,盯着他,眼里满是泪水。

临走时,父亲满脸欣慰地跟室友们告别。室友们一边夸赞父亲有福气,儿子、儿媳孝顺,一边一把鼻涕一把泪地埋怨自己的子女不孝。父亲

安慰室友说："别那么说！庄稼都是别人的好，儿女总是自己的亲！儿女是自己的骨肉，打断骨头还连着筋呢。自己的儿女，再怎么都是好的。你对小辈宽容些，孩子们总会想过来的……"

托尔斯泰说：幸福的家都是相似的，不幸的家各有各的不幸。而我却发现，不幸的家庭往往也是相似的，那就是家庭里缺少宽容，因为家庭里没有了宽容，相互之间就难以沟通，没有了沟通，就会有容易误解，甚至开始产生矛盾、裂痕。

我们说宽容是通向家和的钥匙，宽容是解决家庭矛盾的最好法宝。因为家庭中的矛盾、分歧很少有原则性的，这时能以宽容为先，装些糊涂，表示谦让，多为家庭中的老人、小孩着想，敬老护幼，夫妻互敬互爱，无论什么矛盾也很容易解决。

心灵悄悄话
XIN LING QIAO QIAO HUA >>>

宽容，是家庭金曲的调音器，是夫妻感情的润滑油，是百年好合的黏合剂，是静息"风浪"的安全港。因此我们在家庭之中，舍得一点宽容，舍得一点理解，舍得一点忍让，舍得一点尊敬，你的家庭将幸福多多。

舍得给孩子一些犯错误的机会

生活中,父母其实应该允许孩子犯一些错误,给他一个学习长大的空间。并且,无论发生什么,你都没有必要要求孩子立即承认错误,因为这需要相当程度的成熟和自信,而你的孩子尚未具备这些能力。

"失败是成功之母""吃一堑,长一智"这些都渗透着这样一个道理:人都是在失败、错误中慢慢成长的。

生活中,父母其实应该允许孩子犯一些错误,给他一个学习长大的空间。并且,无论发生什么,你都没有必要要求孩子立即承认错误,因为这需要相当程度的成熟和自信,而你的孩子尚未具备这些能力,需要花些时间明白自己的错误,况且开口说"对不起,我错了",这对大人都并不容易,何况对于孩子。

生活中,家长都考虑自己孩子的将来,希望自己的孩子不给别人添麻烦,自己的事情自己来做。家长表现这种心情的方法有两种,一种是尊重孩子,设法给孩子找一些空间或借口,让孩子觉得自己是有能力的,给足孩子的面子;另一种是家长对孩子总是这样那样地加以干预。他们觉得批评和提醒是家长的义务,所以总是去注意孩子的缺点和不擅长的地方。这也是大部分家长表现这种心情的方法,这些其实都是很愚蠢的想法。聪明的家长则会采取前种方法。

小明的妈妈就很会体贴孩子的感受,她懂得什么时候要给儿子保留面子。

一个星期一的下午,正在上小学二年级的小明走进家门,一回来就嚷嚷饿,自己径直吃起了饼干。

妈妈问："你今天有作业吗？"

"一点也没有！"小明含糊不清地回答，嘴里塞满了饼干。

"你星期一总是没有作业，"妈妈惊讶地说，"这怎么可能？"

"我们就是没有嘛！"小明坚持说，但妈妈发现小明的脸色不大自然、略显紧张地看着她，"老师没有留作业，"他又咬了一口饼干，"我不记得老师留了作业。"

这时候，妈妈很想彻底检查小明的书包来证明自己的怀疑，或是戳穿小明的谎言。但是，她忍住了，妈妈打算给儿子留一点面子。

"嗯，听起来你好像说不太准，为什么不打个电话问问同学呢？是不是真的没有作业？这只要一点点时间，省得你明天去学校会有麻烦。"

小明没有吭声，也没有去打电话，这并不是因为他懒得打电话，而是因为他已经一再告诉妈妈没有作业了，他在犹豫：应不应该改变自己的说法或是承认自己的错误。

"是不是当时你正在思考什么问题，没有注意到老师布置的作业？"妈妈自然地说，"这种情况经常会碰到。"

小明走到电话旁，拿起了电话。

"哦，真的吗？你告诉我吧？"小明在电话这头有些含糊地问。

妈妈走开了，假装忙着做事，擦擦柜子，整理一下书架。她似乎并没有注意小明与同学的对话。

小明放下电话，一边走回自己的房间一边嘟囔："真有作业！我还以为今天可以好好玩一下了呢！"

妈妈听见了，也表示惋惜，"真可惜，看样子今天你没有时间好好玩了，不过，周末我们可以想想到哪里去好好玩一次。"妈妈又真诚地补了一句，"如果有什么不懂的地方可以问我，我就在隔壁。"

家长不要让孩子在别人面前丢脸，你要做的是让他改正错误，督促他反省并且让他保持明确的目的性。打个比方来说吧，水对树木来说是很有营养的东西，但是不管它多有营养，如果不顾时间和场合，一直连续不断地给树木浇水的话，再壮实的树木也只能腐烂掉。人也是一样的道理。

生活中,孩子对家长的提醒和批评本身没有一点反抗的心理,或者说,他们非常想改正被指出的缺点和错误,但是他们也想保持自己作为一个人的面子和虚荣心。

这时应设法给孩子一些空间或借口,好像在告诉孩子:"我认为你是有能力的,但是,有些时候你可能需要帮忙。虽然你的想法和我的不太一样,但这并没有关系,你可以保留自己的想法,不过大多数情况下你应该学习怎么做才对。"传递给孩子的这些信息,有助于帮助他们建立自信,帮助他们意识到犯错误或是失败并不表示一个人不好,不管是做错了一次还是几次,他都能够继续积极地进步。

另外,对孩子要多赞扬,少批评。孩子在成长过程中,由于年龄限制、能力局限,当他们努力学做一些事情以得到家长的肯定和表扬时,虽然出于良好的动机,往往却把事情做坏了。这时要学会用赞扬来代替批评。在《孩子,我并不完美,我只是真实的我》这本书里,著名的心理学家杰丝·雷丽评论说:"称赞对温暖人类的灵魂而言,就像阳光一样,没有它,我们就无法成长开花。但是我们大多数的人,只是善于躲避别人的冷言冷语,而我们自己却总不把赞许的温暖阳光付出别人。"

心灵悄悄话
XIN LING QIAO QIAO HUA >>>

实践证实,当批评减少而多多鼓励和夸奖时,人所做的好事会增加,而不好的事会减少。总之,对孩子要多赞扬,少批评,允许孩子犯一些错误,让他们在错误中慢慢成长。

第七篇 >>>

敢舍敢得,彪悍人生

人生总要面临选择,选择的同时也就意味着要舍弃一些东西。

选择固然要紧,但是选择的背后又往往蕴藏着两扇截然相反的门:一扇门是通向成功的,但又是崎岖、蜿蜒的小路,路上布满了锋利的荆棘,需要你韬光养晦,低调做人,或忍辱含垢。

而另外一扇门是会领你走向失败的"光明大道",而它却会使你在不经意间来到悬崖峭壁,一败涂地,所以拥有敢舍敢得的智慧,才能赢得成功的人生。

让步和屈服不是认输

让步是一种智慧，屈服是一种手段。世上的事，往往没必要争一个你死我活，因为冠军只有一个，胜者也只有一个。如果你分毫不让，一味地据理力争的话，那么即使被你争到了，你也不算是真正的冠军，起码在道德上你没有那份王者的气概。而且人的一生遭遇的事情何其多，你不可能每次都占了上风，总有我们不得不屈服，不得不让步的时候。我们所要清楚的便是，行为可以屈服，但心绝对不能屈服，若心屈服了，那也便是认输了。

在人漫长的一生之中，让步与屈服并非就是妥协。因为人生不可能永远都执着，过分地执着必定会使我们走进死胡同。从这一点上说，不懂得退让回转，也就无法进步了。回旋的余地没有了，那人生这盘棋就走死了。

人生争了一辈子得到了一切，又能怎么样呢？历史上，长城绵延万里，天下都是秦始皇的，可如今他又躺在哪里？一时争到了上风，看上去威武，有面子，但人的境界却落在了在低处。一个人是否理智，不在于在干戈中获胜，而是在于化干戈为玉帛。

一天，德国诗人歌德到公园里散步，在一条狭窄的小路上，刚好与一位反对他的批评家迎面相遇。那位批评家骄横无礼地说："知道吗，我是从来不给傻瓜让路的。"歌德笑道："是吗，那我正好相反。"说完，他闪到路一旁，侧身让批评家先过去。

这样看来，到底谁是傻瓜呢？自作聪明的人，往往会被聪明者所愚

弄。常言道,冤家路窄。在人生的旅途上,我们总要有与冤家狭路相逢的时候。若两个人都是傻瓜,互不让步,逞强要威风,结果只会是两败俱伤,谁也占不到便宜。若其中有一个智者,他们也会顺利通过。当然,让步也并非就是没有原则地妥协,像东郭先生对狼的让步与屈服就是不足取的。适当的妥协,在合理的范围之内是宽容,是新生;超过了这个界限,便是迁就,是危险。

《伊索寓言》里有这样一个故事:一头雄狮看中了一个农夫的女儿,便上门去求亲。农夫不愿把女儿嫁给野兽,但又害怕狮子的凶猛残暴。于是,他想了想说,让我把女儿嫁给你也可以,但你必须答应我两件事。狮子连忙说,别说两件,2000 件都可以。农夫说,那你听好,第一件就是把你的牙齿统统拔光,第二件就是把你的利爪尖全部剃光,因为我女儿最怕这两样东西了。狮子色迷心窍,满口答应。就这样失去牙齿和利爪的狮子再也不像从前那么凶猛了。等到迎亲那天,农夫抄起一根木棍,毫不费力地将它打跑了。

狮子之所以会失败,一是轻信,二是在毫无底线的让步中失去了自己的优势。由此我们也可以看出,该坚持时,让步是愚蠢的;该让步时,坚持是愚蠢的。

人们都知道大理石雕刻大卫像,这幅作品被公认为意大利艺术家米开朗基罗最伟大的作品。但是,米开朗基罗刚完成这件作品时,主管这件事的官员却并不觉得满意。

米开朗基罗问:"有什么地方做得不好吗?"

"鼻子太大了!"那位官员说。

"是吗?"米开朗基罗站在雕像前仔细看了看,表现出大为赞同的样子,大叫一声:"哎呀! 鼻子真的是大了一点,没关系,我马上就能改,等一会绝对会让您满意的。"说着就拿起了工具爬上了架子,叮叮当当地修补了起来。

随着米开朗基罗的凿刀不断移动，掉下好多好多的大理石粉，那位官员不得不躲开。过了一会儿，米开朗基罗就修好了雕像，就请那位官员到架子上去检查："您看，现在可以了吗？"那个官员爬上了架子看了看，高兴地说："哦，好极了！这样才对啊！"

送走官员，他的朋友问他："我觉得你雕刻得很不错啊，为什么他说不好，你都不反驳就马上去修改？"米开朗基罗微笑着回答道："我刚才只是偷偷抓了一把石粉，到上面装装样子罢了，其实根本没有改动原来的雕刻。官员之所以会觉得雕像有问题，主要是因为刚开始他是在高高的架子下仰视的关系。"

或许米开朗基罗的做法看上去有点违心，却表现出了一位艺术家的身份和尊严。大家不妨想想，如果米开朗基罗不这样做的话，只会引起一场毫无必要的争论，甚至还会影响这个旷世佳作的问世。那又何必呢？

让步并不代表着示弱，更不等于放弃原则。宽容别人、让步于人的目的是付出人思考的时间和改善的机会，屈服的目的也是更好地协作和配合大家。如果在矛盾产生的时候，双方都能理智地选择退让，那大家的日子就都会过好，我们的生存环境也会更加的和谐。

心灵悄悄话
XIN LING QIAO QIAO HUA >>>

君子让步，避免与小人之间的无休止无价值的冲突，并不代表着胆怯，也不是无能，而是风趣、智慧、胸襟。一个强者，要强在心里，而不是外表。有时，一次让步就能铸就人生的一次飞跃，那是包容之心，是谦让之心，是智慧的聚焦与体现。

韬光养晦，厚积薄发

　　"韬光养晦"是夹缝中的生存之道，是在敌强我弱的情况下不得已的示弱、妥协，以谋求喘息的空隙和反击的机会，其精髓就在于"能而示之不能"来麻痹敌人。

　　人生之路是漫长且坎坷的，总会有陷入困境或不得志的时候，这个时候需要的不是怨天尤人，也不是自暴自弃，更不是坐等机会出现。而要暗中保存自己的实力，为克服险阻和抓住即将出现的机会做好准备。这便是"韬光养晦"的绝妙之处。再等到积攒够了实力后，一旦机会到来，我们就可以取得突破，一鸣惊人，这就是所谓的"厚积薄发"。

　　如果说"韬光养晦"是因，那"厚积薄发"就是果了。韬光养晦正是在为厚积薄发而做足准备和积累。大凡成功者，并不是一路叫嚣着"我要成功"，而是低调地在暗中下苦功。

　　春秋时期一次战争中，越国被吴国打败，越王勾践也被吴军围困于会稽山上。吴王夫差要捉拿勾践，范蠡出策，假意投降，留得青山在不愁没柴烧。恰好夫差也没听老臣伍子胥的劝告，留下了勾践等人的性命。从此，越国便臣属于吴，受吴国的控制，越王勾践和妻子还到吴国宫廷中服了5年的劳役，过着猪狗不如的生活。直到被吴王赦免归国后，勾践也从没忘记过耻辱，每日暗中训练精兵，晚上睡觉不用褥，只铺些柴草，又在屋梁正中挂了一只苦胆，他不时会尝尝苦胆的味道，为的就是不忘过去的耻辱。

　　越王勾践还鼓励民众，同百姓一起参与劳动。在越人同心协力之下，越国越来越强大了。直到一次夫差带领全国大部分兵力去赴会，要求勾

践也带兵助威，勾践明白等待多年的机会终于来了。于是他假装赴会，领3000精兵，拿下吴国主城，杀了吴国太子，又擒了夫差。多年隐忍，终于有了结果。

"韬光养晦"指的就是，在不利的局势下用隐藏锋芒的办法，躲避对方的攻击，保存自己，伺机图发。纵观历史，大凡能成就伟业者，无不是深谙此道。明白做人何时应该进，何时应该退。那些有心计智谋的成大事者，多是处事圆润通达，在危难时刻能把做人的机智技巧运用得淋漓尽致的人。

东汉末年，曹操挟天子以令诸侯，势力强大。刘备虽贵为皇叔，却势单力寡，为防曹操谋害，不得不在住处后园种菜，亲自播种浇灌，以为韬光养晦之计。

一天，刘备正在菜园浇菜，曹操派人来请刘备，刘备只得胆战心惊地入府见曹操。到了地方，曹操微笑着说："刚才看见园内枝头上的梅子青青的，忽然想起以前的一件往事，今天见此梅，非尝不可，恰逢煮酒正熟，故邀你到小亭同饮。"于是，刘备随曹操来到小亭，只见已经摆好了各种酒器，盘内也放置了青梅，于是就将青梅放在酒中煮起酒来了，二人对坐，开怀畅饮。

酒至半酣，突然乌云密布，大雨将至，曹操趁机大谈龙的品行，又将龙比作当世英雄，来问刘备当世英雄都有谁，刘备故而装作胸无大志的样子，说了几个人，都被曹操否定。曹操此时正想打听刘备的想法，看他是否想称雄于世，于是便说："夫英雄者，胸怀大志，腹有良谋，有包藏宇宙之机，吞吐天下之志者也。"刘备听后问，那谁能当英雄呢？曹操单刀直入地说：今天下英雄者，只有你和我两个。刘备一听，吃了一惊，手中拿的筷子，也吓得掉在地上。正巧突然天降大雨，雷声大作，刘备灵机一动，从容地弯下身拾起筷子，说自己是因为害怕打雷，才掉了筷子。曹操此时才放下了心地问，大丈夫也怕雷吗？刘备说，圣人对迅雷烈风也会失态，我又怎能不怕？刘备经过这样的伪装，成功地使曹操认为自己是个胸无大

志、胆小如鼠的庸人,从此曹操对刘备再无杀心了。

刘备在曹操面前不露才、不自大、不把自己算进"英雄"之列,才免去了自己的杀身之祸,从而才有日后的东山再起,三分天下。

一个有着远大抱负的人,当时机不成熟时,通常都会采取韬光养晦的谋略。但在现实生活中,总有一些人自恃才高,锐气旺盛,锋芒毕露,处事不留余地,咄咄逼人,这样的人虽然有一定的才能,却往往在人生旅途上屡遭波折。历史向我们证明了,在错综复杂的社会中,只有低调做人,才不会招来别人的妒忌,才有更多的精力以韬光养晦,等待机会的出现,一飞冲天。

心灵悄悄话
XIN LING QIAO QIAO HUA >>>

韬光养晦,收敛锋芒,隐藏才能,使对方被表面的假象所迷惑,而不被对手注意到自己的存在,以免遭不测——这才是智者的选择。

"高成"要从"低就"开始

著名哲学家尼采曾说过："一棵树要长得更高更壮，接受更多的光明，那么它的根就必须更深入黑暗。"正像树一样，一个人要想成功，就得把自身放在高处，把心放在低处，踏实努力地通过一个个具体的行为去实现自己的远大志向，而不是好高骛远、心浮气躁。这是成大事必备的素质。

有一位年轻人，总是觉得自己是一个做大事的人，可生活偏不给他机会，于是他每天都一副不得志的样子。对生活的抱怨和内心的不平衡一直折磨着他，直到一个夏天，他去同学强尼家玩，乘着他们家的船出海，让他获得了受益终身的道理。

强尼的父亲是一个老渔民，一生都在海边度过。年轻人看着他那从容不迫的样子，心里不由得敬佩起来。

年轻人问他："您每天要打多少鱼呢？"

他说："孩子，打到多少鱼并不是最重要的，重要的是只要不是空手回来就可以了。强尼上学的时候，为了缴清学费，不得不想办法多打一点。现在他毕业了，打多少都没关系了。"

年轻人若有所思地看着远处的海说："海真是伟大，养育了这么多生灵。"

老人微笑着问："那么你知道海为什么那么伟大吗？"

年轻人不敢贸然回答。

老人接着说："海之所以能养育我们，就是因为它自身承载着那么多的水，而海之所以可以装得下那么多水，就是因为它的起点低。"

大自然赋予了我们太多秘密。海纳百川，不是它的能量无穷，而是因为它地势的低洼。任何成功的人都是由低处做起，从小事着手的。所以说，为完成高就，就必须把心放低，只要天天有提升，月月有进步，年年有改变，我们就已经成功了。不积跬步，无以至千里，从小的改变开始，总有一天能成就我们的"高就"。

"低是高的铺垫，高是低的目标"，对于那些已经处在事业金字塔顶端的人，你只要去研究他们的经历你就会发现，他们并不是一开始就"高人一等"、风光十足的，他们也曾经有过艰难曲折的"爬行"经历，然而他们却能够端正心态，不妄自菲薄，不怨天尤人。他们能够忍受"低微卑贱"的经历，并在低微中养精蓄锐、奋发图强，尔后他们攀上人生的巅峰，享受世人对他们的尊崇。

年轻的洛克菲勒初入石油公司工作时，因为没有学历，也没有技术，因此，被公司分配了一份检查石油罐盖有没有自动焊接好的工作，这是整个公司最简单、最枯燥的工序了，人们常戏称这连几岁的孩子都能做。半个月后，洛克菲勒终于忍无可忍，找到主管想要申请改换其他工作，但却被回绝了。

洛克菲勒并没有灰心丧气，而是开始认真地观察石油罐盖的焊接质量，并仔细观察计算焊接剂的滴速与滴量。终于被他发现，每焊接好一个石油罐盖，焊接剂需要滴39滴，而经过周密计算，实际上只要38滴焊接剂就已经可以把罐盖完全焊接好了。经过反复实验，洛克菲勒最后终于研制出"38滴型"焊接机。使用这种焊接机，每只罐盖都比原先节约了一滴焊接剂。这样一年下来，能为公司节约上亿美元的开支。洛克菲勒也就此迈出了走向成功的第一步，直到成为"世界石油大王"。

中国有句古话"千里之行，始于足下"，大凡有成就者都是从小事做起的。在竞争激烈而又残酷的社会里，只需要一个意外，便会使你坠入人生的低谷。这时你又能不能从小事做起，从零开始呢？

美国著名作家马克·吐温，接到一封刚从学校毕业的年轻人的信。信中说，我是一名大学毕业生，想到美国西部当一名新闻记者，无奈人地生疏，请马克·吐温先生帮忙，替我推荐一份工作。马克·吐温回信为这个年轻人提出了求职设计"三步骤"：第一步，向报社提出，我不需要薪水，只是想找到一份工作；第二步，到任后努力去干，默默地做出成绩，然后提出自己的要求，如果报社能给相应的薪水，我愿意留在这里；第三步，一旦成为有经验的业内人士，自然会有更好的职位等着你。

据说，这个年轻人按照马克·吐温的"三步骤"认真做了，结果在职场不仅得到了"一席之地"，而且获得了他心仪的好职位。

开始，"不需要薪水，只想找一份工作"，完全不计较报酬待遇，可说是低得不能再低的"低就"了，但是，由此获得一个锻炼自己的工作平台，既可以从中获得经验与资历，又可以借此展现自己的能力和才华。因此，刚刚走出校门的大学生，不要漠视和放弃初始的"低就"，倘若不踏上这个锻炼自己的起点，有岗不上，有业不就，蹉跎岁月，"高成"永远只是可望而不可即的空中楼阁，水中之月。

由此我们可以明白，人的一生不管做什么事，都不能好高骛远，要想高成，先要低就。万丈高楼平地起，务实地基为第一；谷子低头笑茅草，丰盈籽实为第一；参天大树搏风雨，扎实根基为第一；有志之士建功业，充实自己为第一。

心灵悄悄话
XIN LING QIAO QIAO HUA >>>

好高骛远的人，往往不愿意经过过程，而想跳过眼前而直达远方。这样的想法，只能是黄粱一梦，这种人也成就不了大事。

吃亏是福

被世人称为"扬州八怪"之一的郑板桥,曾留下两句世人皆知的四字名言,一句是"难得糊涂",另一句就是"吃亏是福"。

对于"吃亏是福",郑板桥有这样一番解释:"满者损之机,亏者盈之渐。损于己则利于彼,外得人情之平,内得我心之安,既平且安。福即是矣。"这段话的意思是说:盈满乃是亏损之契机,亏损也会逐渐趋向盈满,损失了自己则使对方有益,对方心态平和,自己也就会心安,心里安稳了,自然就有福气了。回想历史上许多有所成就的人,都是以豁达平和的心态面对吃亏的。如蔺相如与廉颇同为将相时的忍辱负重,鲍叔牙与管仲相交时的折节退让,张良为圯上的老人拾履……用世俗的眼光看待这些事,都是"吃亏"的,但历史却永远记住了他们,并且传为美谈。因为他们把吃亏当作一种福气,不计较个人的得失,这同时也反映了他们广阔的胸襟。

历史上很多的贤士君子,都以能吃亏来要求自己和训诫自己的子孙。能否吃亏,甚至成为古人区分君子和小人的标准之一。被誉为"清初三大家"之一的散文家魏禧,就曾说过:"我不识何等为君子,但看每事肯吃亏的便是。我不识何等为小人,但看每事好便宜的便是。"

由此可知,坦然地面对吃亏,肯于吃亏,绝不是一个人无用、无能、无知的表现,很大程度上这也是一个人的品行如何,行为善否的真实反映。德不高者不甘吃亏,品不正者不肯吃亏,行不端者不能吃亏,心不诚者不愿吃亏。

前盛大网络总裁唐骏在卡拉 OK 盛行的时候,突发奇想,研发了一个

专门用于卡拉OK的打分机，演唱者唱完一首歌曲后，打分机会自动打出分数。在三星公司以8万美元的价格买断唐骏该项专利后，其卡拉OK设备在市场上所占的份额从百分之十几一下子提高到百分之三十多。此后，三星的竞争对手日本先锋公司向三星购买该专利的使用权，花了150万美元。三星就是依靠该项专利成为大赢家的，所以，很多朋友都觉得唐骏特别亏。但这位IT行业的才子唐骏在谈到早年的吃亏经历时，却没有半点遗憾，反而心存感激。唐骏说："应该感谢三星公司，如果没有三星的8万美元做我创业的启动资金，也许后来我的事业不会有现在这么顺利。"唐骏也认为，这件事使他从一个学者型的人变成了一个事业型的人。

这次"融资"的确是有吃亏的一面，因为8万美金实在是太少了。但它却给了唐骏一个事业上的契机，让他把想法变成实实在在的产品，并靠着这次的交易淘来了第一桶金。

国内软件行业的领军人物求伯君做的第一桩生意更是亏。他编写的打印驱动程序仅以2000元的价格卖给了四通公司后，四通公司又以500元一套的价格卖了几百套。但求伯君则仍认为，四通也没有亏待他。正是因为那段专职软件技术员的经历，才为他后来步入金山公司、开发WPS软件奠定了坚实的基础。更重要的是，这次的买卖让他明白了经营在软件行业中的重要性，此后，他把金山公司总裁的位置让给了有经营天分的雷军，自己则专心搞软件研发。金山公司迅速发展，而求伯君也因此成了IT行业的巨富。

吃亏，无非是在利益上做出的谦让、牺牲，但正是这种境界、这种度量，使得人格得以升华。面对生活中偶然的吃亏，豁达的人并不会放在心上，他们并不纠结于外界的得失，而是更加享受于生活原本的平淡。而心胸狭隘的人，则会懊悔不及，整日忧愁于自己在物质上的损失，殊不知其在精神上的损失远远大于物质。

美国人休斯就是靠这种智慧赚得了人生的第一桶金。

35 岁的美国人休斯顿在斯图尔市的闹市区租了房子,准备从事水果批发生意。

在此之前,休斯顿在一家小公司干了 7 年的仓库保管员,没有任何的生意经验。但他不想一生都为别人打工,他想自己做老板,干一番事业。

谁也没想到,休斯顿的水果批发生意异于常人,他经营的所有水果价格均是全市最低价。本来,质优价廉未尝不可,但业内的人都吃惊于一点——休斯顿的水果批发价格之所以能做到行内最低,那是因为休斯顿的水果全部都是以零利润出售的。也就是说,休斯顿不仅赚不到钱,还要每月赔上房租、水电等费用。

休斯顿果真是没有任何生意经验的人,居然会做出这样的傻事。面对同行的嗤笑和亲友的质问,休斯顿从不多作解释,始终坚持以零利润经营水果生意。更让人吃惊的在后头,休斯顿又将自己 7 年的工作积蓄全部取出来,在斯图尔市涉足首饰加工业和服装干洗业。而且,价格上仍然是以零利润经营。

所有人都认为休斯顿是脑子里哪根筋出问题了——世间哪会有人这么傻?不可否认,休斯顿所经营的生意,无论是水果批发,还是首饰加工和服装干洗方面,从来都是顾客最多、生意最为繁忙的,但谁都清楚一个不争的事实,那就是在顾客络绎不绝、一派繁华的背后,是休斯顿必须付出不断赔本的代价。很多人预测,休斯顿撑不了多长时间。

事实印证了人们的猜想,一年之后,休斯顿停止了自己所有的生意,将所有的店面都关停了。

之后,休斯顿迅速筹措了资金,居然又新开了一家店面,而且是全市除他之外绝无第二家的店面——经营中国什锦。这次,休斯顿改变了零利润的经营思路。

休斯顿的中国什锦生意并没有让人们继续看笑话,从开业之初,美丽的中国什锦首先吸引了消费者的眼球,加之品种繁多、质量优异,休斯顿的什锦之路一天比一天宽广。不到半年时间,他就连开了 5 家分店,且生

意都非常兴隆。有人嗅到了商机，看着休斯顿的什锦生意眼红，也开类似的店面，但他们都奇怪地发现，几乎所有购买什锦的客户都集中在休斯顿的店里，很少光顾别家。无奈，他们只得草草收场。

原来，休斯顿从创业之初就决定做中国的什锦生意。只不过，他清醒地认识到，要想让当地民众认可中国什锦且能让自己将什锦生意做大做强，除了产品的质量和价格外，还必须打出属于自己的个人品牌。因此，休斯顿先在前期以零利润的经营方式博取民众的深刻印象。时间一久，所有消费者的潜意识里就有了一个自我暗示：休斯顿出售的东西，价格都是最优惠的。在行内人看来，休斯顿"零利润"背后是不断地损失，而在消费者心目中，"休斯顿"三个字俨然已经成为最实惠的品牌代言。

休斯顿的零利润经营方式貌似很傻很愚笨，但经过了他聪明的市场运作和对人性的精确分析，却成了绝妙的智慧体现：眼前的损失是暂时的，个人的品牌和实在的长期回报才是真理。

很多人都在为休斯顿感到幸运，称他这个"成事不足，败事有余"的小子在什锦上却"瞎猫撞上了死耗子"。其实，真正的秘诀只有休斯顿知道：自己的成功并非是他们所说的"幸运"，而是完全靠自己高超的经营智慧和对人性的精确掌握，先吃亏后盈利，表面吃亏，实际盈利。

心灵悄悄话
XIN LING QIAO QIAO HUA >>>

一个不在乎吃亏与否的人，才是一个真正的大丈夫。这种人不会在利益面前锱铢必较；不会在名誉面前先声夺人；不会在权力面前忘乎所以。他们总能以最平和的心态面对人生中的每一次得失。

主动吃亏是一种风度

爱因斯坦曾说过："判断一个人的价值，应该看他贡献什么而不应看他取得什么。"所以说，一个人只有肯于吃亏，他的价值才能最大限度地得以实现，才会赢得人们的尊敬和赞赏，才不愧为一个有风度的人。

"吃亏"有两种，一种是主动的吃亏，一种则是被动的吃亏。"主动的吃亏"指的是主动去寻求"吃亏"的机会，这种机会通常是指没人愿意做、无便宜可占的事。

主动吃亏的确是会让我们眼前的利益有所损失，但是在以后的人生中，它会以另一种方式来还给你。就像面对一份没人愿意去做的工作，如果你主动争取，老板当然对你感激有加，一份情便会记在心上，日后无论是升迁或是创业，他都有可能去帮助你，这也是社会活动的一种投资。最重要的是，如果你毫不介意得失，不在乎付出与否，认真地去做好每一件事，不为蝇头小利所驱使，那么，你则会在你的周围树立起一种高尚的人格和风度，每一个人都会欣然接受你。

美国亨利食品加工公司总经理亨利·霍金士先生有一次意外地从化验室的报告单上发现，他们生产的食品配方中，起保险作用的添加剂有毒，虽然毒性不算大，但如果长期服用势必会对身体有害。如果不使用添加剂的话，则又会影响食品的新鲜度。

亨利·霍金士经过了仔细的思考之后，认为必须以诚信对待顾客。于是他毅然把这一对企业业绩有致命打击的事情告诉了每位顾客，随之又向社会公布，防腐剂有毒，对人的身体有害。

做出这样的举措之后，使他承受了前所未有的压力。食品销路锐减

不说，所有从事食品加工的公司都联合起来，用一切手段反扑他，指责他居心不良，打击别人，抬高自己。于是他们一起抵制亨利公司的产品，亨利公司一下到了濒临倒闭的边缘。就这样苦苦挣扎了 4 年之后，亨利的食品加工公司已经倾家荡产，但他的名声却已是家喻户晓了。

这时候，政府站出来了。全力支持亨利公司，亨利公司在短时间内便恢复了元气，加上此前亨利的做法赢得了良好的声誉，使得他们的产品又成了热门货，销售业绩一路飙升。亨利食品加工公司也一举成了美国食品加工业的"龙头公司"。

勇于吃亏其实是比金钱更值得珍藏的财富，它使你赢得了别人的认可，为你日后的成功铺平了道路。如果也有"主动吃亏"的勇气，那么很多困难都会迎刃而解。因为大多数人都喜欢占便宜，你吃了一点亏，让别人占一点便宜，那么，别人心里也会过意不去，便会记住你的恩惠的。所以他们会在恰当时候回报你，这就是你"吃亏"之后所占到的"便宜"。

有人曾问李泽楷："你父亲教过你成功赚钱的秘诀吗？"李泽楷说，赚钱的方法他父亲什么都没有教，只是教给他一些做人的道理。李嘉诚曾经这样告诉李泽楷，和别人合作，如果他拿七分合理，八分也行，那么拿六分就可以了。

按照李嘉诚的理论，吃亏可以争取到与更多人合作的机会。不妨想想看，虽然只拿了六分，但现在突然多了 100 个合作人，那他能拿到多少个六分？假如拿八分的话，那 100 个人很可能会变成 10 个了，结果是亏是赚可想而知。李嘉诚一生与很多人打过交道、合作过，分道扬镳的时候，他总是愿意自己少分一点钱。如果生意做得不理想，他便什么也不要了，宁愿自己吃亏。这是种气量，是种风度，也正是这种气量和风度，才不断有人乐于同他合作，他也就越做越大。所以李嘉诚的成功更得力于他的恰到好处的处世为人经验。

吃亏是福，是智者的智慧和气量。有的人一旦与朋友分了手，就翻脸

不认人,生怕自己吃一点亏。这种人是否聪明暂不说,但可以肯定的是,一点亏都不肯吃的人,只会让自己的路越走越窄,久而久之,也会丢失自己的气场与风度。表面上看来"吃亏是福""知足常乐""安分守己"会给人以不思进取之嫌,实际上,这些思想正是君子的德行的精髓之处。

当然,吃亏也必须讲究技巧和方式。亏,绝不能乱吃,如果为了息事宁人,去吃亏,吃暗亏,那结果只能是"哑巴吃黄连,有苦说不出"。孙权就是犯了这个错误,为了收回荆州,假意让自己的妹妹嫁给刘备,结果在诸葛亮的巧妙设计下,孙权不仅赔了妹妹,还折了兵。荆州还是在人家手里,这个亏未免吃得太窝囊。所以说,亏,要吃在明处,至少,你该让对方知道。

智者说:吃亏是福。因为吃亏你就成了施者,朋友便亏欠于你。看上去,你是吃了亏,别人得了益,然而,朋友却欠了你一个人情,在情感的天平上,你便加了一个筹码。这是比金钱、财富更值得你珍惜的东西,因为除了钱以外的东西都还不清。吃亏,会让你在你的朋友圈子里变得更加豁达、宽厚,同时,也让你收获了更多的友情。这当然会使别人更心甘情愿地帮助你,为你办事。

所以说,亏一定要吃在明处,不能白吃,否则,别人不知道也不领情。只有让他明白,你的损失让他得益了,他的内心才会愧疚,才会觉得有负于你,今后才会在你需要帮助的时候伸出援手。

心灵悄悄话
XIN LING QIAO QIAO HUA >>>

吃亏是福,是有战略眼光者的原则之一。但是吃亏也是需要技巧的。会吃亏的人,往往把亏吃在明处,便宜占在暗处,这便是智者的智慧。

糊涂是一种大智若愚

大凡有所成就的人，必定知难易，懂进退，一颗宽厚之心中夹杂随机应变的智慧与谋略，在鱼龙混杂的社会之中左右逢源，糊里糊涂却总是笑到最后。其实，在生活中要做到糊涂并不难，关键是如何做到"该糊涂时糊涂，不该糊涂时决不糊涂"，掌握好这个度，必定能在人生的道路上游刃有余。古人云：大智若愚，大巧若拙。这句话的意思就是说真正拥有大智慧的人，往往都表现得蠢钝不堪，身手矫健敏捷的人也都佯装得臃肿笨拙。其实，这正是聪明人的"聪明"所在。那种明察一切却不点破的淡然处世，为自己免去了多少争端与祸患，只有他们自己清楚。

大智若愚，并不是故意的卖傻充愣，也不是装腔作势、故弄玄虚，而是一种处世待人的方式，即宠辱不惊，临危不乱，含而不露，隐而不显，从容不迫，看透而不点透的高明之举。这样的人凡事都能被他看得一清二楚，而表面上却变现得不明不懂，也不问世事。古人说"聪明难，糊涂更难"，由此可见，聪明是一门学问，而糊涂却是一门比聪明更为高深的学问。那是因为，聪明过了头就会招致不必要的麻烦，所谓"聪明反被聪明误"就是这个道理。而"糊涂"的轻与重都是无所谓的，别人也不会对你有防范、陷害之心，反而会使你过得更加安逸。所以说，糊涂其实是一种大智慧。

"汉初三杰"之一的萧何便是一个拥有人生大智慧的"糊涂"之人。他精通儒家谨慎、勤政的窍门，也懂得为人处世的艺术，以至于侍奉大杀功臣、不念旧情的刘邦也能得以善终。

当时，萧何在刘邦论功行赏时，位列第一，封为宰相，许多将军都不服

气。但更多的人都是在向他登门道贺，奉承有加，可他并没有被高官权位冲昏了头脑，而是听取了召平的意见，看到了将来的形势，即灾祸可能由此发生。皇帝已经离开京城，率兵打仗去了，却增封自己为宰相，手握兵权。这一方面是为了示好，另一方面也是为了试探自己，这表明皇帝已经不再信任自己了。于是，萧何毅然决然地听取了召平的建议，辞退增封，捐献出自家的财产充当军费。皇上一听果然很高兴，也把心中的杀机暗暗地压了下去。

黥布叛变的时候，高祖皇帝带兵亲自讨伐。萧何留在后方便勤勤恳恳、兢兢业业，全力安抚老百姓，稳固民心。有人见他如此投入，便替他担心，劝慰他："相国可要小心，不要招惹杀身之祸啊！您入关十几年来，已经收揽了百姓的心，他们都是打心里敬重您的。陛下已经察觉出您是众望所归，已经开始派人打听您的动向了，唯恐您有谋反背叛之心。如果您要想保全家人的性命，就要破坏自己的声望，才能使陛下安心。"

萧何仔细一想，却是事实。于是，便忍痛欺压百姓，大肆没收百姓的土地钱财。最后闹得百姓怨声载道，萧何的威信与名望也就下来了。并且，萧何还故意在小事上咄咄逼人、斤斤计较，刘邦一看便以为这是个胸无大志之人，也就再一次对他解除了杀机。

此愚者，似愚而非愚也。所以说，"愚"只是一种表象，一种策略，而不是真正的愚蠢。在这种"愚"的表象下，隐藏着真正的大智慧。同样，真正具有大智慧的人给人的印象往往都是带有点愚钝的。所以，我国才有了"大智若愚"这个成语。

历史上，真正能做到如萧何这般"糊涂"的人又能有几人？过犹不及，世事无常。封侯拜相，权倾朝野，可仍不一定能保全得住自己的性命，乱世之中，唯有大智若愚之人才能逢凶化吉，化险为夷。

三国时期的司马懿，本是一个绝顶聪明、老谋深算之人，却总是喜欢佯装糊涂。当年在五丈原，就是凭借着"糊涂"的功夫，拖垮了老对手诸葛亮，居功至伟，权倾朝野。正因为功高盖主，免不了惹来朝廷的猜疑和

同僚的嫉妒。身处险境之中，司马懿干脆装起糊涂来，以病重为由不上朝，长期在家休息，给人制造一种行将就木的假象。但是他的政敌仍然不放心，派去一个人以探病为由，刺探司马懿真病还是假病。于是，司马懿干脆顺水推舟、将计就计，真的装出一副病入膏肓、日薄西山的样子。在司马懿精心的策划之下，来人果然被蒙骗过去了。回去就向上面禀告了司马懿病情严重，已将不久于世了，于是，终于使他的敌人放下了对他的警惕。也就是在这个时候，司马懿暗中广招人才、培植羽翼，神不知鬼不觉地安排了自己的两个儿子抓住了禁军的兵权。此后，又看准了一个时机，发动了"高平陵之变"，将曹家军几乎一网打尽。至此，魏国的命脉已经被司马懿牢牢地抓住了。

大智若愚，并不是真的愚，而糊涂有时候也并非是真的糊涂。很多外表上看上去很精明的人，实际上愚不可及。因为他们把自己的优劣之处暴露得一览无余。而糊涂之人，则很多是极聪明睿智的，他们比那些所谓的智者不知道要聪明多少倍。这种人往往懂得收敛自己的锋芒、隐藏自己的才华、显露自己的短处，因此，也就使人们觉得这种人对自己毫无威胁可言，也就放下了对他们的戒备、迫害之心，所以故作糊涂能让人明哲保身。

古语云：木秀于林，风必摧之；堆出于岸，流必湍之。古往今来，不知有多少人，或因才华出众、能力非凡，或因恃才傲物、行为脱俗，招来别人的嫉妒、陷害，甚至丢了性命。于是，"故作糊涂"就成了一些智者处世安身的策略。

三国时期，曹操的谋士荀攸，能力超群，谋略过人。他助曹操征张绣、擒吕布、战袁绍、定乌桓，为曹氏效犬马之劳，对北方的统一作出了重要的贡献。同时，他在朝50余年，对政治旋涡中各种复杂的关系都能从容应对，在极其残酷的人事倾轧中，始终能立于不败之地。

他之所以能够在官场之中游刃有余，关键就在于他能"谨以安身，避招风雨"。曹操有一段话精辟而又形象地反映了荀攸做人的这一策略：

"公达外愚内智,外怯内勇,外弱内强,不伐善,无施劳,智可及,愚不可及,虽颜子、宁武不能过也。"可见荀攸的智谋之深。对敌对己,对内对外,态度迥然不同。参与军事策划,他智慧过人,计谋高深;迎战敌人,他一马当先,临危不惧;但对曹操、对同僚,不争不夺,表现得极为谦卑、愚钝。

有一次,他的亲戚辛韬问他当年为曹操夺取冀州的情况,他却极力否认自己的贡献,并表示自己什么都没做。

他替曹操"前后凡划奇策十二",史家赞他是"张良、陈平第二",但他却始终避免提及自己卓越的功勋。他与猜忌心极重的曹操相处20年,却能深得宠信,从不见有人跟曹操进谗言妄图加害于他,也没有一次得罪过曹操。建安十九年(214),荀攸在征战途中死去,曹操知道后居然痛哭流涕,说:"孤与荀公达周游二十余年,无毫毛可非者。"并赞誉他为谦卑的君子。

故作糊涂,看起来并不是大丈夫所为。其实,恰好相反,故作糊涂并不代表着懦弱,而是一种人生的大智慧。面对强者,多数人都会坐卧不安,想尽办法打压强者、限制强者能力的发挥。那强者自然也就会陷入困境。所以说,真正的强者都会故意表现得弱一些,愚钝一些以保护自己。更进一步说,强者之弱,智者之糊涂,其实都是为了少生麻烦、少惹是非。

常言道:"道有道法,行有行规。"做人也是如此。有时故作糊涂地去对待人和事,也是时局所迫,逼不得已的。因为只有糊涂才可以让你逃离危险之地,而立于不败之地。

明成祖时期,广东布政使徐奇进京见驾,顺便带了一些岭南的藤席想要赠给朝廷中的官员。不料,京城的巡逻官不仅截获了这些藤席,还将徐奇馈赠礼品的人员名单呈交给了明成祖。

明成祖反复看了好几遍名单,都没有看到太傅杨士奇的名字。于是立即召见了杨士奇,想要问个究竟。杨士奇不以为然地解释说:"当初徐奇赴广东任布政使,临行前众官员都写了诗为他送行,这次徐奇回京也就

顺便带了些藤席回赠。那次臣正好有病在身，出行不方便也就没有赠诗给徐奇，不然的话，也会在受馈赠之列。今天众官员的名字虽然都在礼单上，但他们也不一定会接受徐奇的礼物，而且，藤席是岭南的特产，也不算贵重。徐奇馈赠藤席只是为了表达谢意，不可能有其他目的。"

杨士奇这番话讲得"理当如此"，也打消了明成祖对他的疑惑，同时还原谅了徐奇，并再也没有过问此事。

如果杨士奇借此来炫耀自己清如水、明如镜，不仅不会得到赞赏，反而会使明成祖对他有所猜疑。杨士奇故意将自己也牵扯进来，说明自己与别人一样，从而更加赢得了明成祖的信任。而且，这样做的同时，也免除了徐奇的祸事。如果杨士奇没有帮徐奇，那么，事后徐奇知道了杨士奇曾面见过皇上，并谈论此事，一定会认为是杨士奇进谗言来害自己。那么，日后难保他不报复。所以说，智者的深谋远虑、明哲保身都藏于"糊涂"之后。

心灵悄悄话
XIN LING QIAO QIAO HUA >>>

该糊涂的时候，就不要拘泥于自己的身份、地位、学识，一定要糊涂；该精明的时候，也同样不要碍于面子拖拖拉拉、推推让让，一定要精明。依情势而定，依轻重而变化，只有这样才能不被烦恼所困扰，不为人事所累，才能有一个快乐、洒脱的人生。

低调做人，高调做事

低调做人无论在商场、官场还是政治斗争中都是一种进可攻、退可守，看似平淡无奇，实则高深莫测的处世谋略。它给人的感觉虽然是不知进取、软弱无能，但却能使人放弃戒备、警觉、与之竞争的心理。

所以，愚也好、拙也好，都只是人为营造的迷惑别人的假象，目的是为了要减少外界对自己的威胁，以求得安身立命，除敌存己。

隋朝时期，隋炀帝十分残暴无度，以至于各地农民起义风起云涌，隋朝的很多官员也纷纷倒戈，投靠农民起义军，因此，隋炀帝的疑心极重，对大臣，尤其是外藩重臣，更是从不信任。这时的唐国公李渊曾多次担任中央和地方官，所行之处，无不细心结识当地的英雄豪杰，多方助人行善，因此声望很高，许多人都愿意归附他。可是也正因为如此，大家都替他担心，恐怕他遭到隋炀帝的猜忌。这时，刚好隋炀帝下诏让李渊晋见，而李渊因病未能前往，隋炀帝非常不高兴，多少有些猜疑。李渊的外甥女王氏是隋炀帝的妃子，隋炀帝便向她问起李渊为何没来朝见，王氏回答说是因为病了。

王氏随后把这个消息传给了李渊，李渊并没多说什么，只是之后，他广收贿赂，整天沉湎于声色犬马之中，无所顾忌，闹得沸沸扬扬。隋炀帝听到这些，才放下心来。也正因为这样，才有了后来大唐的建立。

假如李渊知道了隋炀帝的话，依然坚持我行我素，声望越来越大，那下场可想而知。当时他深知如果怒火中烧、与之理论或采取兵变，很可能会因为时机不成熟而失败，所以才想出了一系列办法把自己的名望降下

来，低调、世俗地做人。而这种低调地做人策略在汉以后发展得最为充分，许多成大事者，在成功之前都有韬晦的经历，无不以弱者、愚者的姿态示人。低调地做人，隐藏了真实的野心、才华、声望、智谋。这种人甘为愚钝、甘当弱者，隐藏锋芒，即低调做人术。实则上是精于谋略、善于攻心的真正的智者。

一次，外贸部前副部长龙永图坐飞机去某地出差，登机前在候机室里休息，这时突然从候机室门口传来了十分嘈杂的声音，热闹非凡的气氛弥漫了整个候机室。后来得知：原来是一位县委书记出国考察，他下属的三四十号人，都争先恐后地前来送行。龙永图在和朋友谈起此事时感触颇深：这就是角色、意识的错位，但错得实在离谱。

不久，他又到意大利参加一个国际性会议。会场并没有豪华的摆设，更没设嘉宾席和领导席，大家坐着的都是一样的普通长凳。而与会者都是国际经济界有头有脸的人物，可是却是按照先来后到的顺序随便坐。龙永图在一条长凳上刚坐下来，随后就有一老太太走了过来，对他礼貌地点点头打招呼，然后很自然地坐到了他旁边，趁会议还没开始的空当，老太太与他闲聊了很长时间。

而龙永图却忘了问这位老太太的身份，直到会议结束后，他才想起向会议的组织者打听："刚才坐在我身边的那位长者是谁?"组织者感到十分惊讶，便反问龙永图："你真的不认识吗?"龙永图回答说不认识，对方这才回答道："她就是荷兰女王啊!"这下龙永图震惊了，他嘴里连连说："真没想到啊!"

对于这次会议，龙永图同样感触颇深：她哪像女王啊？简直就是咱们邻家的大妈! 老太太也是角色意识的错位，但她错得让人可亲可敬!

可见，低调、谦逊是使人终身受益的美德。一个人只有高调做事、低调做人，才能积蓄力量，避免给别人造成浮夸的印象。同时低调做人也是高调做事的前提条件，为人处世的黄金法则。只有懂得了这个道理，才能使我们迈向成功的大门。因此大智若愚，从某种意义上来说，并不是所有

的事情都可以不计较,其实是小事愚,大事明。对人,不必过于精明;对朋友,傻点更好。如果每一件事情都要精心地算计,人为地弄复杂,便会使人感到刁钻奸猾,敬而远之。这样精明的后果,只能以自己成为孤家寡人而告终。

生活中,对于小事,谁对谁错并不重要,重要的是自己的身份与立场。如果我们总是斤斤计较,拘泥于细节,那么只会让大家都不好受。就像应邀参加宴会,,就应该先为主人着想,保证整个宴会气氛的和谐,而不是争什么对错。何况,这种对错又是无关紧要的。所以,做人该糊涂的时候就要糊涂。

我们在工作中,争论在所难免,很多时候,我们都需要据理力争,来维护自己的利益。但是,更多的时候,与别人争论的都是非原则性的,面对这种情况我们就要考虑是不是该装糊涂,用恰当的方法使争论降温,而不是大事小事都要弄明白。真正聪明的人,面对这种情况,往往都是糊涂了事。

宋代宰相韩琦以品性贤良著称,遵循"得过且过"的生活准则,从来不曾因有胆量而被人赞许过,可是他在下面两件事上的神通广大,实在无人可比。这才是"真人不露相"的含义。对于这样的老好人谁会想要防范呢?他因此而得以在无声无息中做了很多意义重大的事。

当年,宋英宗刚死的时候,大臣们急忙召太子进宫,可太子还没到,英宗的手居然又动了一下,宰相曾公亮吓了一跳,连忙告诉宰相韩琦,想叫人不必再去召太子进宫。韩琦坚定地拒绝:"先帝要是再活过来,就是一位太上皇。"于是,韩琦催促大臣们召太子,从而避免了一场权力之争。

有一个人叫任守忠,为人很奸邪、狡猾,秘密探听东西宫的情况,在皇帝和太后间进行离间。有一天韩琦出了一道空头敕书,参政欧阳修已经签了字,而参政赵概感到很为难,不知怎么办才好。欧阳修说:"只要写出来,韩琦自然会有自己的说法。"果然,韩崎坐在政事堂,用未经中书省而直接下达的紧急文书把任守忠传来,让他站在庭中,训斥他说:"你的罪过当斩,现在放你一马,贬官为蕲州团练副使,由蕲州安置。"于是,韩

琦拿出了空头敕书填写上，派人当天就把任守忠押走了。

要是换上一个爱耍权术的人，任守忠会轻易就范吗？当然不会，因为他也相信一贯憨厚得有些蠢钝的糊涂之人韩琦的说法，并一点都没怀疑其中有诈。这样，韩琦轻易除了害群之马，而仍然不失忠厚老实。所以说小事愚、大事明实在是一种人生的修为，也是一种做人的谋略。大智若愚的人总比别人有更多成功的机会。

人们都喜欢与简单老实的人交往，因为与这样的人交往会使人备感轻松，不用耗费心机、防范戒备。这种人往往很有内涵，他们或许在小事上表现得糊涂不堪，但是在大事上绝对能看清形势，明白利益得失。这种人都有自己的观点和想法，甚至在某一个领域有很深的造诣。只不过，他们在为人处世方面却截然相反，以简单憨厚的一面示人，把过人的心智放在更有价值和更有意义的大事上面。

心灵悄悄话
XIN LING QIAO QIAO HUA >>>

人生在世，不必对什么事情都斤斤计较，过于算计。该糊涂的时候就要糊涂，该聪明的时候就要聪明。有句成语"吕端大事不糊涂"，说的正是小事糊涂，到了关键的大事上，才可以表现出大智大谋。

名利皆浮云

人活在这个世上，无论贫富贵贱，穷达逆顺，都免不了要和名利打交道。面对名利，人们通常有两种态度：一种是淡泊名利，一种是追名逐利。其中，多数人会选择后者。

古人云：宠辱不惊，闲看庭前花开花落；去留无意，漫随天外云卷云舒。然而，在竞争残酷，诱惑纷繁的现今社会，固守信念、淡泊名利并非易事，只有拥有广阔的胸襟和较高的人生追求以及思想境界，才可能经受住名与利的诱惑，始终不渝地坚守着自己的道德准则和理想信念，不计得失，不重名利，以淡泊的情怀书写出高尚的人生。

名与利，皆为空，浮云而已。一些人，在名利场上争夺了一辈子，错过了很多，也失去了很多。直到生命终结时，回望来路，才遗憾地发现失去的都是永不磨灭的，得到的都是无法带走的。

从前，有个年轻人，听说名利是位漂亮的姑娘，谁能找到她谁就是天下最幸福的人，所以他迷上了名利。并发誓，即使花上一生的时间，也要找到她。

他首先到那些充满哲理和智慧的书籍中去寻找名利的踪迹。结果他发现这些书籍对名利始终持批评否定的态度，并且一直排斥她。显然，名利不在书籍里。

之后又跑到宗教里去找名利。但宗教却宣称，许多幸福，包括名利在内，都是一个人在死后才能得到的，而活着的时候是应该舍弃的。这也不是他想要的答案。

他又转向大千世界去寻找。他每到一地方，就去问当地的人："你们

见过名利吗？她在这里吗？"每次人们都回答："名利吗？是的，她来过这里。不过那是很久以前的事情了。她后来又走了，没有人知道她去了哪里。"就这样他用了许多年，找了许多地方，可是每次都得到同样的答复。

于是他转向大自然。他问树、问山、问森林、问海洋，还有花鸟鱼虫："你们知道名利吗？她在这吗？"然而答案依然令他失望："名利？是的，她来过。不过那是很久以前的事情了。她早已经走了。"

多年之后，曾经的年轻人已经衰老了，但他还在寻找名利。最后，他来到了世界的尽头，那儿有一个漆黑的山洞。老人走进去。居然发现山洞里有一个又老又丑的妇人。一个声音告诉他，这个妇人就是名利。

虽然极度失望，但他还是走到她面前问她："我一直在寻找你，开始时我还是个年轻人，现在我已经衰老了。许多人都像我一样期待着你，对你翘首以盼。可为什么你总是躲着我们，躲着这些执着追求你的人呢？求求你了，和我一起走出山洞回到世界上去吧。"名利没有回答他。

老人花了许多天来劝说名利，可名利始终不理睬他。当老人终于明白名利从未离开过她这个山洞之后，便无奈地说："那好吧。既然你不肯跟我一起走，那我就自己回去了。但在走之前，我有一个请求：你得给我一个口信，我把它转达给世人，好证明我确实见到过你。"

这时，名利，这位又老又丑的妇人，抬起头来，望着老人的眼睛，一字一顿地说："告诉他们，我年轻而且漂亮。"

名与利，本就是空，是人们对于幸福产生的错觉。可惜多数人只有在为之奋斗、追逐了一生之后会恍然大悟，明白其中的道理。

很多人都在名利的诱惑下失去了自我，将自己置于牢笼之内。其实，名利如浮云，追到头来也是一场空。抛开名利，人的内心才得以清净，这才是人生的境界。

有一位高僧，是一座寺庙的方丈，因年事已高，一直在考虑由谁来接班的问题。

一天，他将两个得意弟子智远和智坚，用绳索吊放于寺院后山的悬崖

之下，并对他们说："你们谁能凭自己的力量从悬崖下攀爬上来，谁就是我的接班人。"

悬崖之下，身体瘦弱的智坚屡次尝试，屡次失败，摔得伤痕累累，但还在顽强地攀爬。最后拼死爬至半壁无处着力之时，不小心踩空摔落崖下，头破血流，气息奄奄。最后，高僧不得不让人用绳索将他救上来。

而身体健壮的智远，在攀爬几次不成功后，便解开了绳子沿着悬崖下的小溪，顺水而下，拂袖而去。穿过树林，出了山谷，然后游名山，访高师，直到一年之后才回到寺中。奇怪的是，高僧不但没有骂他胆怯懦弱，将他扫地出门，反而指定他为接班人。

众僧很是不解，纷纷询问高僧。高僧笑着解释道："寺院后的悬崖极其陡峭凶险，依靠人力根本不可能攀登上去。但悬崖之下，却有路可寻。如果一心为名利所诱，心中就只有面前的悬崖绝壁。所以，这时并不是天设牢，而是人在心中建牢。在名利的牢笼之内，徒劳地抗争，轻者苦闷伤心，重者粉身碎骨。"

世人熙熙，都为名来；世人攘攘，都为利往。人往高处走，水往低处流，看淡名利，并不是都不去争取名利。因此我们正确看待名与利，名利得失随缘，可以争取，但不可以苛求。否则，人生过与负累，有的人甚至不择手段，残忍或非法地谋取名利，这种名利，不能长久，也不能心安理得。

因此淡泊名利，是一种人生境界，一种只有智者才能体会到的思想。

心灵悄悄话
XIN LING QIAO QIAO HUA >>>

要守住一份淡泊，就必须修得一种豁达乐观、世事洞明而又怡然自得的心境，少一些心浮气躁，患得患失，不为功名所累，不为金钱折腰，只有这样才能体会到人生的大智慧。

舍得一点爱心，收获整片天空

一个人，如果心里想的只有自己，那么，他的世界也会变得越来越小，未来的路也会越走越窄。只有把整个世界装在心中的人，才会真正拥有这个世界，才会在人生的大道上健步如飞。

"天道无亲，常与善人"，舍得付出，肯于帮人，也就等于帮助了未来的自己。换句话说，就是当我们帮助别人时，也正是在以一种看不到的形式在帮助自己。

爱心，就像一颗颗光彩夺目的钻石，无论在任何情况下，都会放出耀眼的光芒。爱心又像一场及时雨，滋润着我们每个人希冀已久的心田。当身边的人痛苦、失意、彷徨时及时给他以抚慰、鼓励、关怀；对于陌生人也同样，当他们需要帮助的时候，不妨伸出援手，萍水相逢也是一种缘分。或许就是因为你的不经意的举动，就挽救了一个人的生命，挽救了一个家庭的幸福。赠人玫瑰，手留余香。一施一受之间，不仅受者免于了灾祸，施者也同样体会到了快乐。所以说，施者同样也是受者，只有心中有大爱的人才能够幸福。

有一位女子，丈夫出海远行，多年未归。由于思念，她每天都会去海边的岩石上守望，日复一日。一天，天空突然乌云密布，但女子还是照常来到海边。海面上狂风大作，巨浪滔天。她远远地望见一艘帆船在汹涌的浪涛中苦苦挣扎，摇摇欲坠，最后开始缓慢下沉。女子来不及细想，就飞快地跑回村里，召集全村人去救援。当船上的人终于平安上岸后，女子不由得百感交集，因为被救上岸的人正是她远行多年而日思夜想的丈夫。

生命就像峡谷的回音，你对它报以什么样的态度，它就以什么样的态度回报你。生命也像农民的庄稼，你播种了什么就收获什么。人在世上，难免遇到灾祸。此时，如果你向身处逆境中的人伸出援助之手，给他所需的帮助，他定会心存感激。当然，要付出，你就要付出一些劳动，一些代价，或是受到一些损失，但请记住，付出和牺牲是完全值得的，因为你所收获得要远比这多得多。

有这样一则故事，讲的是一个双目失明的盲人在晚上打着灯笼赶路。这时，有个经过的路人很奇怪地问他："你不是双目失明了吗，灯笼对于你来说毫无用处，你为什么还要打着灯笼呢？不怕浪费灯油吗？"盲人听了他的话，并不介怀，慢条斯理地答道："灯笼虽然不能帮我看清楚路，但却能帮助别人看清路，特别是晚行的女子，因为黑暗难免会害怕。而且也因为没有光亮，别人往往看不到我，我很容易就会被撞到。而我要是提着灯笼走路，灯光不仅能帮助别人看清路，还能让别人看得见我，这样，我就不至于被别人撞到了。"

这位盲人在用灯光帮助别人照清路的同时，也保护了自己。爱心本就如此，在你付出的时候，其实你也在收获。所以说，爱心，是一种境界，是一种升华，是一种智慧，是与人方便自己方便。有些人做人总是斤斤计较，生怕自己吃了亏，便宜了别人。他们从不懂得付出，所以也不会有大的回报。这样的人就是没有领悟到生活的真谛。奉献本有两层含义，一层是你付出让他人从中受益，另一层就是你在付出、奉献的同时也得到了回报。当然，这种回报，有时候是我们看得见的，而有时候则是我们看不见的，实实在在看得见的回报固然好，而看不见的回报也是我们精神上的一笔丰厚的财产。

一个乡下人进城经商，在街边开了家店铺。刚做了没多久，他就发现这条街上不仅生意不好做，而且路面也是坑坑洼洼的，到处是乱石尘土。乡下人觉得奇怪，为什么这么久没人来修，于是就向相邻的商家请教。相

邻的商家告诉他，正是因为路不好走，经过的人或车辆便会慢下来，那么，人们走进店铺的概率就会增加，这样也就增加了商机。乡下人对这种逻辑很不理解，于是他不听周围人的劝阻，坚决搬走路上的碎石，并找来人将路面填平。从此，这条街畅通无阻，呈现出一派繁荣的景象。商机非但没有少，反而大增。

路不好，人们就都会绕道而行。经过的人少了，商机自然也就少了。与人方便，自己方便，利人才能利己。如果我们在生活中能够做到处处为别人着想，宁愿自己揽下麻烦，也要减少别人的困难的话，那世上本不会有这么多的"麻烦"。只有心存这般古道热肠，办事才会左右逢源，才会赢得四海之内的朋友，招来八方财源。然而，现实生活中也有为数不少的人，他们的处世哲学是凡事从自己的利益出发，损人不利己的事他也做，丝毫不懂得爱心与奉献。

其实，一个热情的拥抱，一个会心的微笑，一个微不足道的赠予，都会让冰冷的心变得温暖，漆黑的夜不再漫长。如果我们每个人都能随时随地地奉献自己的爱心，把自己的快乐传递给他人，那么，不仅这个世界会因为我们的存在而变得美好，而我们自己也会拥有一份意想不到的收获。因为帮人即帮己，有些时候不仅赢得了道德上的胜利，而且出乎意料地赢得了事业上的辉煌。

乔恩是一个贫苦的苏格兰农夫。有一天，他在田里耕作的时候听到附近泥沼里有人发出求助的哭喊声。他连忙放下农具，跑到了泥沼边，发现一个小男孩在粪池里拼命地挣扎着，于是，乔恩连忙把这个孩子从死亡的边缘救了回来。

隔天，一辆崭新的马车停在了乔恩的家门口，从车上走出一个优雅的绅士，他自我介绍是被救小男孩的父亲。绅士说："我一定要报答您，您救了我孩子的生命。"农夫说："不用谢，我不能因救了您的孩子而接受任何报酬。"

就在这时，农夫的儿子听到声响从茅屋外走进来，绅士问："这是您

的儿子吗?"农夫很骄傲地回答:"是啊!"绅士说:"那我们来订个协议如何,让他跟我走,让他接受最好的教育。假如这个孩子也像您一样勤劳善良,那他将来一定会成为一位令您骄傲的人。"

农夫犹豫了一下,便答应了。后来农夫的小孩顺利地从圣马利亚医学院毕业,成为世界闻名的弗莱明·亚历山大爵士,也就是盘尼西林(青霉素)的发明者。并且,他还在1944年受封骑士爵位,此后又获得了诺贝尔医学奖。

数年后,绅士的儿子不幸染上肺炎,是什么救活了他呢?盘尼西林。而那绅士又是谁呢?上议院议员丘吉尔。那他的儿子是谁?英国政治家丘吉尔爵士。

我们不妨想想,要是农夫没有救起那个掉到粪池里的小孩,不仅不会有后来的英国政治家丘吉尔爵士,农夫的儿子或许还是一个农夫,就不可能发明拯救无数人生命的盘尼西林,这就是一个爱心赢得成功圆满人生的故事。

心灵悄悄话
XIN LING QIAO QIAO HUA >>>

爱心似一首鼓舞人心的歌曲,使得陷入人生低谷的人能够重新振作起来,坦然前行。有爱心,就有激情,有了生命的动力。一个人的生命之火,不管曾经如何熊熊燃烧、光芒四射,最终都将熄灭,但是生命中如果有了爱与奉献,就会使得它的光芒得以扩散和延续。